青少年人工智能编程 启蒙丛书

机械零部件与机械CAD技术

曾 丽 苏小明 陈平平 主 编
王正来 黄 冠 陈 玲 龚运新 副主编

清華大學出版社
北京

内 容 简 介

本书通过机械积木认识基本的机械零部件：V 带、棘轮、弹簧、蜗轮蜗杆、轴承、键、销、联轴器、曲轴、凸轮、连杆、四杆机构、飞轮、丝杠和卡盘，再将零部件组成简单有趣的应用产品或艺术品，这些美观实用的产品，极具趣味性，进一步提高了课程吸引力；然后用计算机辅助设计软件机械 CAD 制作出这些产品的设计图，将玩积木上升为技术设计和学习使用计算机辅助设计应用软件 CAD，玩积木和学知识有机融合，保证知识的无缝衔接，平稳过渡，真正做到学中玩、玩中学。

本书可作为中小学人工智能入门教材，由于本书内容科学、专业，也可作为第三方进校园单位首选教材，学校社团活动使用教材，学校课后服务（托管服务）课程、科创课程可选教材，校外培训机构和社团机构相关专业可选教材，还可作为自学人员自学教材和家长辅导孩子的指导书。

图书在版编目（CIP）数据

机械零部件与机械 CAD 技术 . 下 / 曾丽，苏小明，陈平平主编 . -- 北京：清华大学出版社，2024. 9.
（青少年人工智能编程启蒙丛书）. -- ISBN 978-7-302-67292-0

Ⅰ. TH13-49；TH126-49

中国国家版本馆 CIP 数据核字第 2024NB9076 号

责任编辑： 袁勤勇　薛　阳
封面设计： 刘　键
责任校对： 韩天竹
责任印制： 刘　菲

出版发行： 清华大学出版社
网　　址： https://www.tup.com.cn，https://www.wqxuetang.com
地　　址： 北京清华大学学研大厦 A 座　　**邮　　编：** 100084
社 总 机： 010-83470000　　**邮　　购：** 010-62786544
投稿与读者服务： 010-62776969, c-service@tup.tsinghua.edu.cn
质量反馈： 010-62772015, zhiliang@tup.tsinghua.edu.cn
课件下载： https://www.tup.com.cn,010-83470236
印 装 者： 三河市铭诚印务有限公司
经　　销： 全国新华书店
开　　本： 185mm×260mm　　**印　　张：** 9.75　　**字　　数：** 145 千字
版　　次： 2024 年 9 月第 1 版　　**印　　次：** 2024 年 9 月第 1 次印刷
定　　价： 39.00 元

产品编号：103099-01

丛书顾问委员会名单

新时代赋予新使命，人工智能正在从机器学习、深度学习快速迈入大模型通用智能（AGI）时代，新一代认知人工智能赋能千行百业转型升级，对促进人类生产力创新可持续发展具有重大意义。

创新的源泉是发现和填补生产力体系中的某种稀缺性，而创新本身是21世纪人类最为稀缺的资源。若能以战略科学设计驱动文化艺术创意体系化植入科学技术工程领域，赋能产业科技创新升级高质量发展甚至撬动人类产业革命，则中国科技与产业领军世界指日可待，人类文明可持续发展才有希望。

国家要发展，主要内驱力来自精神信念与民族凝聚力！从人工智能的视角看，国家就像是由14亿台神经计算机组成的机群，信仰是神经计算机的操作系统，精神是神经计算机的应用软件，民族凝聚力是神经计算机网络执行国际大事的全维度能力。

战略科学设计如何回答钱学森之问？从关键角度简要解读如下。

（1）设计变革：从设计技术走向设计产业化战略。

（2）产业变革：从传统产业走向科创上市产业链。

（3）科技变革：从固化学术研究走向院士创新链。

（4）教育变革：从应试型走向大成智慧教育实践。

（5）艺术变革：从细分技艺走向各领域尖端哲科。

（6）文化变革：从传承创新走向人类文明共同体。

（7）全球变革：从存量博弈走向智慧创新宇宙观。

宇宙维度多重，人类只知一角，是非对错皆为幻象。常规认知与高维认知截然不同，从宇宙高度考虑问题相对比较客观。前人理论也可颠覆，毕竟宇宙之大，人类还不足以窥见万一。

探索创新精神，打造战略意志；

成功核心，在于坚韧不拔信念；

信念一旦确定，百慧自然而生。

丛书顾问委员会由俄罗斯自然科学院院士、武汉理工大学教授郑刚强，清华大学博士陈桂生，湖南省教育督导评估专家谢平升，麻城市博达学校校长李理，中国科学院自动化研究所研究员汤淑明，武汉人工智能研究院研究员、院长王金桥，武汉大学计算机学院智能化研究所教授马于涛，麻城市博达学校董事长李尧东，无锡科技职业学院教授龚运新，黄冈市黄梅县教育局周时佐，麻城市博达学校董事李知，黄冈市黄梅县实验小学向俊雅、郭翠琴，黄冈市黄梅县八角亭中学洪小娟等组成。

人工智能教育已经开展了十几年。这十几年来，市场上不乏一些好教材，但是很难找到一套适合的、系统化的教材。学习一下图形化编程，操作一下机器人、无人机和无人车，这些零散的、碎片化的知识对于想系统学习的读者来说很难，入门较慢，也培养不出专业人才。近些年，国家已制定相关文件推动和规范人工智能编程教育的发展，并将编程教育纳入中小学相关课程。

鉴于以上事实，编委会组织专家团队，集合多年在教学一线的教师编写了这套教材，并进行了多年教学实践，探索了教师培训和选拔机制，经过多次教学研讨，反复修改，反复总结提高，现将付梓出版发行。

人工智能知识体系包括软件、硬件和理论，中小学只能学习基本的硬件和软件。硬件主要包括机械和电子，软件划分为编程语言、系统软件、应用软件和中间件。在初级阶段主要学习编程软件和应用软件，再用编程软件控制简单硬件做一些简单动作，这样选取的机械设计、电子控制系统硬件设计和软件 3 部分内容就组成了人工智能教育阶段的入门知识体系。

本丛书在初级阶段首先用电子积木和机械积木作为实验设备，选择典型、常用的电子元器件和机械零部件，先了解认识，再组成简单、有趣的应用产品或艺术品；接着用 CAD（计算机辅助设计）软件制作出这些产品的原理图或机械图，将玩积木上升为技术设计和学习 CAD 软件。这样将玩积木和学知识有机融合，可保证知识的无缝衔接，平稳过渡，通过几年的教学实践，取得了较好效果。

中级阶段学习图形化编程，也称为 2D 编程。本书挑选生活中适合中小学生年龄段的内容，做到有趣、科学，在编写程序并调试成功的过程中，发展思维、提高能力。在每个项目中均融入相关学科知识，体现了专业性、严谨性。特别是图形化编程适合未来无代码或少代码的编程趋势，满足大众学习编程的需求。

图形化编程延续玩积木的思路，将指令做成积木块形式，编程时像玩积木一样将指令拼装好，一个程序就编写成功，运行后看看结果是否正确，不正确再修改，直到正确为止。从这里可以看出图形化编程不像语言编程那样有完善的软件开发系统，该系统负责程序的输入，运行，指令错误检查，调试（全速、单步、断点运行）。尽管软件不太完善，但对于初学者而言还是一种有趣的软件，可作为学习编程语言的一种过渡。

在图形化编程入门的基础上，进一步学习三维编程，在维度上提高一维，难度进一步加大，三维动画更加有趣，更有吸引力。本丛书注重编写程序全过程能力培养，从编程思路、程序编写、程序运行、程序调试几方面入手，以提高读者独立编写、调试程序的能力，培养读者的自学能力。

在图形化编程完全掌握的基础上，学习用图形化编程控制硬件，这是软件和硬件的结合，难度进一步加大。《图形化编程控制技术（上）》主要介绍单元控制电路，如控制电路设计、制作等技术。《图形化编程控制技术（下）》介绍用 Mind+ 图形化编程控制一些常用的、有趣的智能产品。一个智能产品要经历机械设计、机械 CAD 制图、机械组装制造、电气电路设计、电路电子 CAD 绘制、电路元器件组装调试、Mind+ 编程及调试等过程，这两本书按照这一产品制造过程编写，让读者知道这些工业产品制造的全部知识，弥补市面上教材的不足，尽可能让读者经历现代职业、工业制造方面的训练，从而培养智能化、工业社会所需的高素质人才。

高级阶段学习 Python 编程软件，这是一款应用较广的编程软件。这一阶段正式进入编程语言的学习，难度进一步加大。编写时尽量讲解编程方法、基本知识、基本技能。这一阶段是在《图形化编程控制技术（上）》的基础上学习 Python 控制硬件，硬件基本没变，只是改用 Python 语言编写程序，更高阶段可以进一步学习 Python、C、C++ 等语言，硬件方面可以学习单片机、3D 打印机、机器人、无人机等。

本丛书按核心知识、核心素养来安排课程，由简单到复杂，体现知识的递进性，形成层次分明、循序渐进、逻辑严谨的知识体系。在内容选择上，尽量以趣味性为主、科学性为辅，知识技能交替进行，内容丰富多彩，采用各种方法激活学生兴趣，尽可能展现未来科技，为读者打开通向未来的一扇窗。

我国是制造业大国，与之相适应的教育体系仍在完善。在义务教育阶段，职业和工业体系的相关内容涉及较少，工业产品的发明创造、工程知识、工匠精神等方面知识较欠缺，只能逐步将这些内容渗透到入门教学的各环节，从青少年抓起。

丛书编写时，坚持"五育并举，学科融合"这一教育方针，并贯彻到教与学的每个环节中。本丛书采用项目式体例编写，用一个个任务将相关知识有机联系起来。例如，编程显示语文课中的诗词、文章，展现语文课中的情景，与语文课程紧密相连，编程进行数学计算，进行数学相关知识学习。此外，还可以编程进行英语方面的知识学习，创建多学科融合、共同提高、全面发展的教材编写模式，探索多学科融合，共同提高，达到考试分数高、综合素质高的教育目标。

五育是德、智、体、美、劳。将这五育贯穿在教与学的每个过程中，在每个项目中学习新知识进行智育培养的同时，进行其他四育培养。每个项目安排的讨论和展示环节，引导读者团结协作、认真做事、遵守规章，这是教学过程中的德育培养。提高读者语文的写作和表达能力，要求编程界面美观，书写工整，这是美育培养。加大任务量并要求快速完成，做事吃苦耐劳，这是在实践中同时进行的劳育与体育培养。

本丛书特别注重思维能力的培养，知识的扩展和知识图谱的建立。为打破学科之间的界限，本丛书力图进行学科融合，在每个项目中全面介绍项目相关的知识，丰富学生的知识广度，加深读者的知识深度，训练读者的多向思维，从而形成解决问题的多种思路、多种方法、多种技能，培养读者的综合能力。

本丛书将学科方法、思想、哲学贯穿到教与学的每个环节中。在编写时将学科思想、学科方法、学科哲学在各项目中体现。每个学科要掌握的方法和思想很多，具体问题要具体分析。例如编写程序，编写时选用面向过程还是面向对象的方法编写程序，就是编程思想；程序编写完成后，编译程序、运行程序、观察结果、调试程序，这些是方法；指令是怎么发明的，指令在计算机中是怎么运行的，指令如何执行……这些问题里蕴含了哲学思想。以上内容在书中都有涉及。

本丛书特别注重读者工程方法的学习，工程方法一般包括 6 个基本步骤，分别是想法、概念、计划、设计、开发和发布。在每个项目中，对这 6 个步骤有些删减，可按照想法（做个什么项目）、计划（怎么做）、开发（实际操作）、展示（发布）这 4 步进行编写，让学生知道这些方法，从而培养做事的基本方法，养成严谨、科学、符合逻辑的思维方法。

教育是一个系统工程，包括社会、学校、家庭各方面。教学过程建议培训家长，指导家庭购买计算机，安装好学习软件，在家中进一步学习。对于优秀学生，建议继续进入专业培训班或机构加强学习，为参加信息奥赛及各种竞赛奠定基础。这样，社会、学校、家庭就组成了一个完整的编程教育体系，读者在家庭自由创新学习，在学校接受正规的编程教育，在专业培训班或机构进行系统的专业训练，环环相扣，循序渐进，为国家培养更多优秀人才。国家正在推动"人工智能""编程""劳动""科普""科创"等课程逐步走进校园，本丛书编委会正是抓住这一契机，全力推进这些课程进校园，为建设国家完善的教育生态系统而努力。

本丛书特别为人工智能编程走进学校、走进家庭而写，为系统化、专业化培养人工智能人才而作，旨在从小唤醒读者的意识、激活编程兴趣，为读者打开窥探未来技术的大门。本丛书适用于父母对幼儿进行编程启蒙教育，可作为中小学生"人工智能"编程教材、培训机构教材，也可作为社会人员编程培训的教材，还适合对图形化编程有兴趣的自学人员使用。读者可以改变现有游戏规则，按自己的兴趣编写游戏，变被动游戏为主动游戏，趣味性较高。

"编程"课程走进中小学课堂是一次新的尝试，尽管进行了多年的教学实践和多次教材研讨，但限于编者水平，书中不足之处在所难免，敬请读者批评指正。

丛书顾问委员会

2024 年 5 月

近些年，国家已制定相关文件推动和规范编程教育的发展，将编程教育纳入中小学相关课程。为了帮助老师更有效地进行编程教育，让学生学好每节编程课，特组织多年在教学一线的教师编写了一套教材，并经过多次教学研讨、反复修改、反复总结提高后，现将付诸出版发行。

本套教材以初级阶段常用的电子积木和机械积木作为实验设备，先了解认识典型、常用的电子元器件和机械零部件，再组成简单有趣的应用产品或艺术品，然后用计算机辅助设计软件 CAD 制作出这些产品的原理图或机械图，将玩积木上升为技术设计和学习使用计算机辅助设计软件 CAD，玩积木和学知识有机融合，保证知识的无缝衔接，平稳过渡，通过几年教学实践，取得了较好效果。

本书通过机械积木认识了基本的机械零部件：V 带、棘轮、弹簧、蜗轮蜗杆、轴承、键、销、联轴器、曲轴、凸轮、连杆、四杆机构、飞轮、丝杠和卡盘，再将零部件组成简单有趣的应用产品或艺术品，这些美观实用的产品，极具趣味性，进一步提高了课程吸引力；然后用计算机辅助设计软件机械 CAD 制作出这些产品的设计图，真正做到学中玩、玩中学。

本书由麻城市职业教育集团曾丽、麻城市博达学校苏小明、麻城市电化教育馆陈平平担任主编，麻城市博达学校王正来和黄冠，黄梅县第三小学陈玲、无锡科技职业学院龚运新担任副主编。

人工智能是当今迅速发展的产业，一切还在快速发展和创新，是一个全新事物，本书存在的不足之处，敬请广大读者见谅。

需要书中配套材料包的读者可发送邮件至 33597123@qq.com 咨询。

编　者

2024 年 6 月

目
录

项目 16　V 带传动

V 带传动利用 V 带与带轮之间产生摩擦力或啮合来传递运动和动力，如图 16-1 所示。V 带及带轮组成一个传动系统，要认识和设计该系统就要同时了解和设计 V 带及带轮，下面具体介绍 V 带传动相关知识。

图 16-1　V 带

任务 16.1　认识 V 带传动

V 带传动的摩擦力越大，传递功率也越大。V 带传动中，电动机带动小带轮（主动轮）传动，小带轮转动后，再靠 V 带轮与 V 带之间的摩擦力将动力经过传动带传递给大带轮（从动轮）。V 带较平带结构紧凑，而且 V 带是无接头的传动带，所以传动较平稳，是带传动中应用最广的一种传动。

16.1.1　V 带传动的特点

普通 V 带是一种横断面为梯形的环形传动带，它适用于小中心距与大传动比的动力传递，广泛应用于纺织机械、机床及一般的动力传动。V 带传动的主要优点如下。

（1）带是弹性体，能缓和载荷冲击，运行平稳无噪声。

（2）过载时将引起带在带轮上打滑，因而可起到保护整机的作用。

（3）制造和安装精度不像啮合传动那样严格，维护方便，不需要润滑。

（4）可通过增加带的长度以适应中心距较大的工作条件。

V 带传动的主要缺点如下。

（1）带与带轮的弹性滑动使传动比不准确，效率较低，寿命较短。

（2）传递同样大的圆周力时，外廓和轴上的压力都比啮合传动大。

（3）不宜用于高温和易燃等场合。

16.1.2　V 带传动的应用

V 带传动应用很广，常见的有家庭缝纫机、抽水机，一般应用在大功率结构紧凑、速度较高、载荷变动大要求高的传动。下面介绍常用的 V 带和 V 带轮。

1. V 带

按制造材料不同，V 带可分为以下几种。

（1）牛皮带。牛皮带用牛皮制作而成，摩擦系数大且富有弹性，断面常呈圆形，用于负荷较轻的传动中，如图 16-2 所示的家用缝纫机。牛皮带的接口需要用钢丝夹将其连接成整体圆环。

（2）橡胶带。橡胶带中应用最广泛的是 V 形带（V 带），又称三角带，广泛应用于纺织机械、机床及一般的动力传动。

（3）尼龙带。尼龙带是由高强度的尼龙材料压制成环形同步齿形带，带的内侧压有齿形，与带轮上的齿形大小一致，可基本保证带传动不会打滑，得到较准确的传动比，如图 16-3 所示的数控机床伺服电机，滚珠丝杠的传动就采用同步齿形带传动。

图 16-2　家用缝纫机

图 16-3　数控机床伺服电机

2. V 带轮

V 带轮必须满足质量分布均匀、工作表面经过精加工、强度足够等要求。

低速转动或小功率传动时，V 带轮用工程塑料或薄铁板冲压成型，如图 16-4 所示的洗衣机带轮。

中速转动时，V 带轮一般选用铸铁材料，如 HT150、HT200，常用于机床的带传动。

高速转动时，由于转速高，离心力大，材料的强度要求相对高些，V 带轮常选用铸钢或铝合金，如台式钻床的塔式带轮。

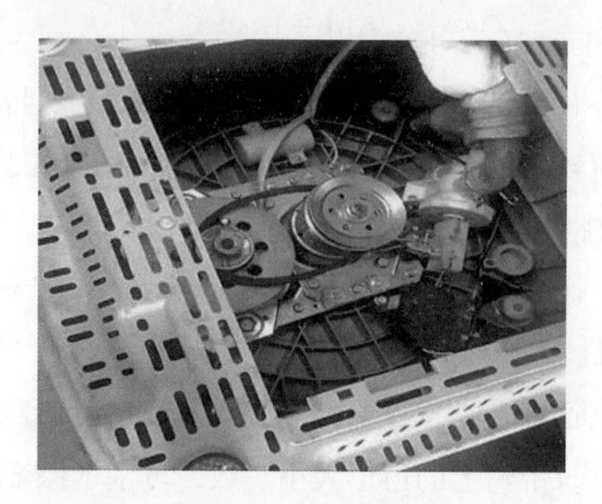

图 16-4 V 带轮

任务 16.2 V 带传动系统积木拼装

V 带传动应用在很多方面，为了更好了解 V 带传动相关知识，可以自己动手做一个 V 带传动系统，研究和思考 V 带的基本规律。

（1）准备材料：1 个红色积木、1 根皮带、2 根轴、2 个曲柄、4 个带轮，如图 16-5 所示。

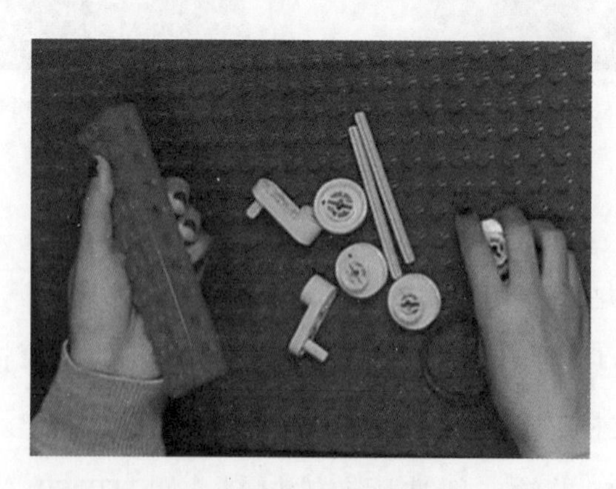

图 16-5 准备材料

（2）安装好 4 个带轮，如图 16-6 所示。

（3）套上皮带，如图 16-7 所示。

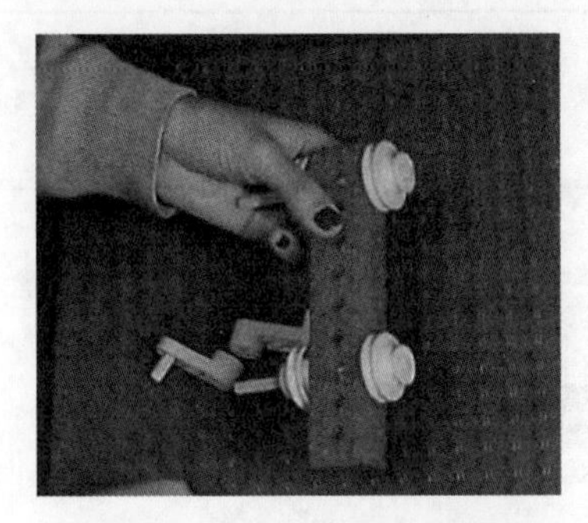

图 16-6　安装好 4 个带轮

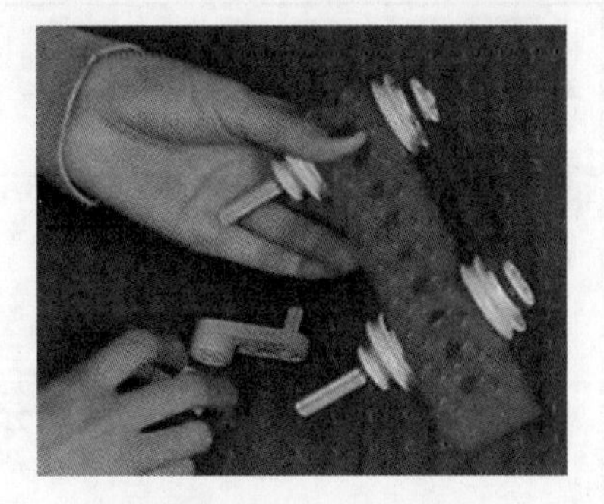

图 16-7　套上皮带

（4）装上 2 个曲柄，安装完成，如图 16-8 所示。

图 16-8　最终成品

任务 16.3　机械 CAD 绘制组装图

V 带传动系统可以在中望机械 CAD 软件中进行制作、修改、演示，只要输入各种 V 带参数，一个符合要求的 V 带就可设计成功，也可出具设计图纸进行生产。下面具体介绍设计方法。

首先打开中望 3D 软件，进入页面后，如图 16-9 所示，单击“打开”按钮，弹出“打开”对话框后选择“v 带传动半成品”文件，单击“打开”按钮。

图 16-9　打开“v 带传动半成品”文件

单击“装配”栏中的“插入”按钮，在弹出的“打开”对话框中选择“v 带成品”文件，单击“打开”按钮，如图 16-10 所示。

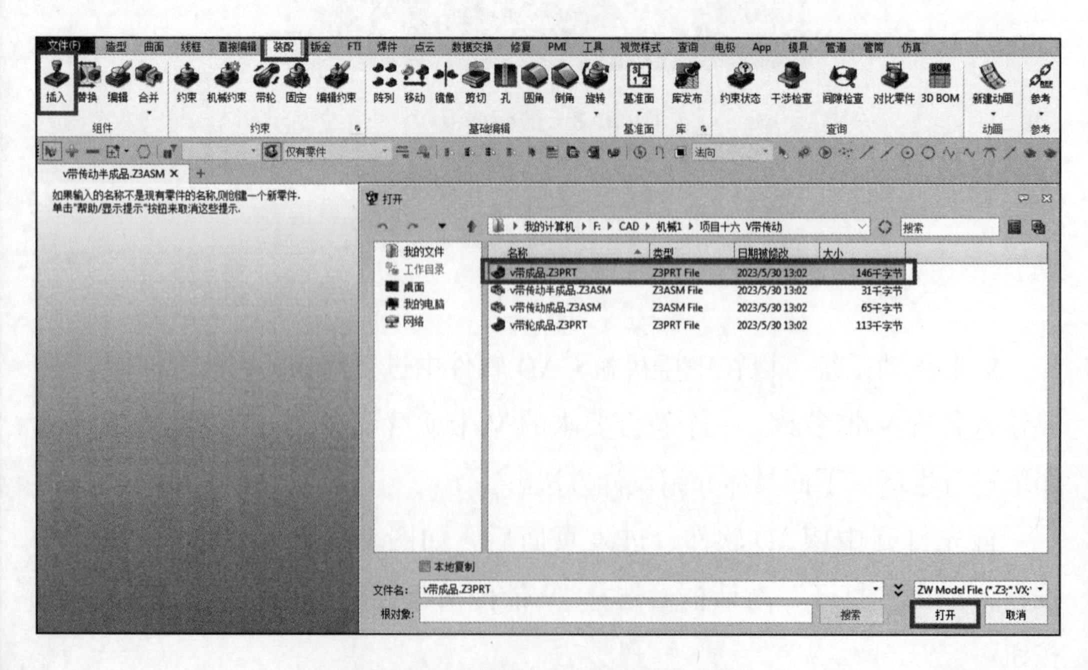

图 16-10　插入“v 带成品”文件

再单击两次“确认”按钮，在页面中放入三个 V 带，如图 16-11 所示。

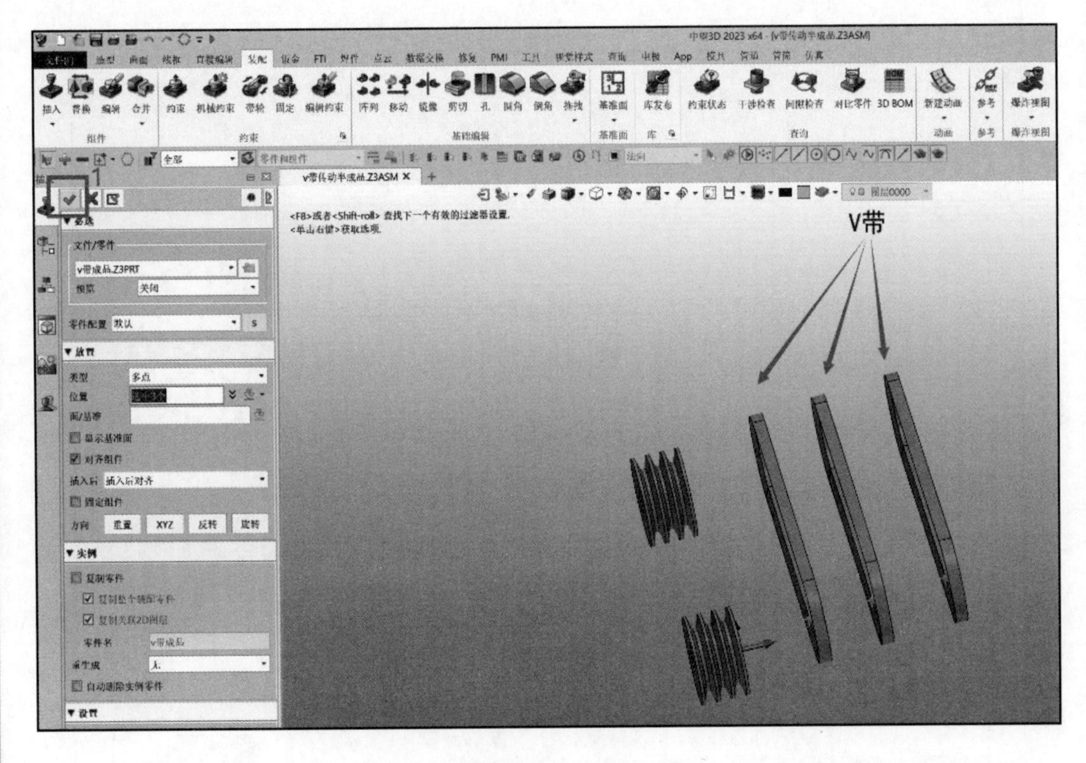

图 16-11　放入

如图 16-12 所示，单击“装配”栏中的“约束”按钮，在弹出的“约束”对话框中在“必选”下拉列表中设置实体 1 和实体 2，然后在“约束”下拉列表中单击“重合”按钮，最后单击“确认”按钮（选择实体时需转动屏幕视角完成）。

如图 16-13 所示，将 V 带未约束的一段拖动到空白处（方便接下来的约束）。

如图 16-14 所示，再次单击“约束”按钮，同样设置实体 1 和实体 2，然后在“约束”下拉列表中单击“重合”按钮，最后单击“确认”按钮。这样一条 V 带和 V 带轮的装配就完成了，重复上述操作完成剩下两条 V 带的装配（注意选择实体时转动到合适的视角）。

这样一条 V 带传动组装图就完成了，如图 16-15 所示。

图 16-12　约束 1

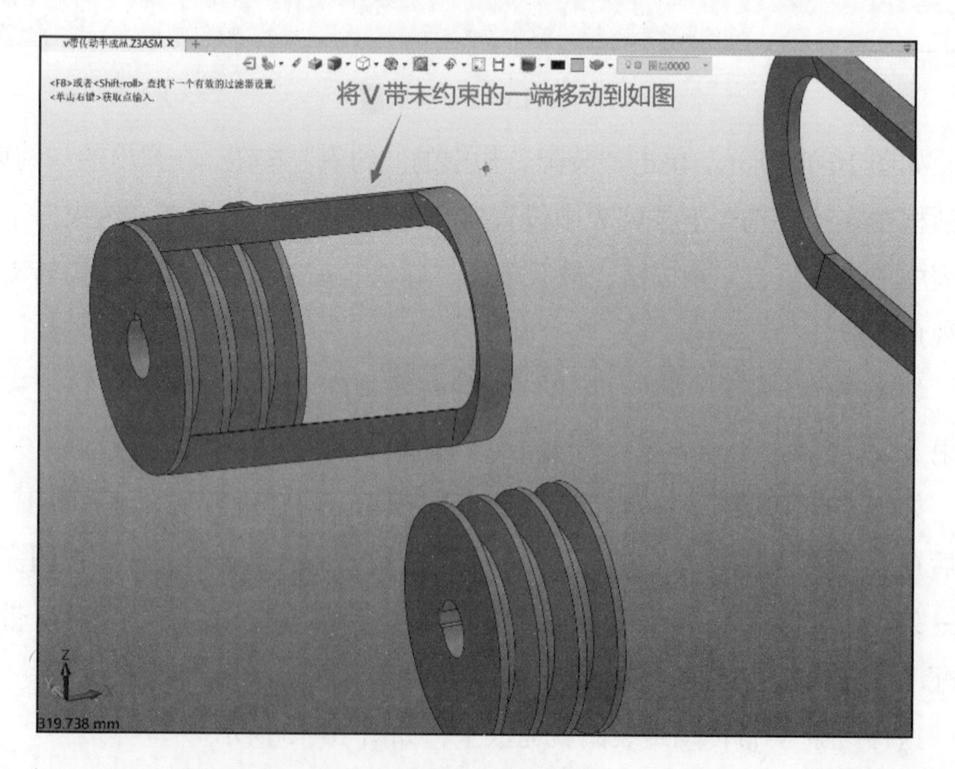

图 16-13　约束 2

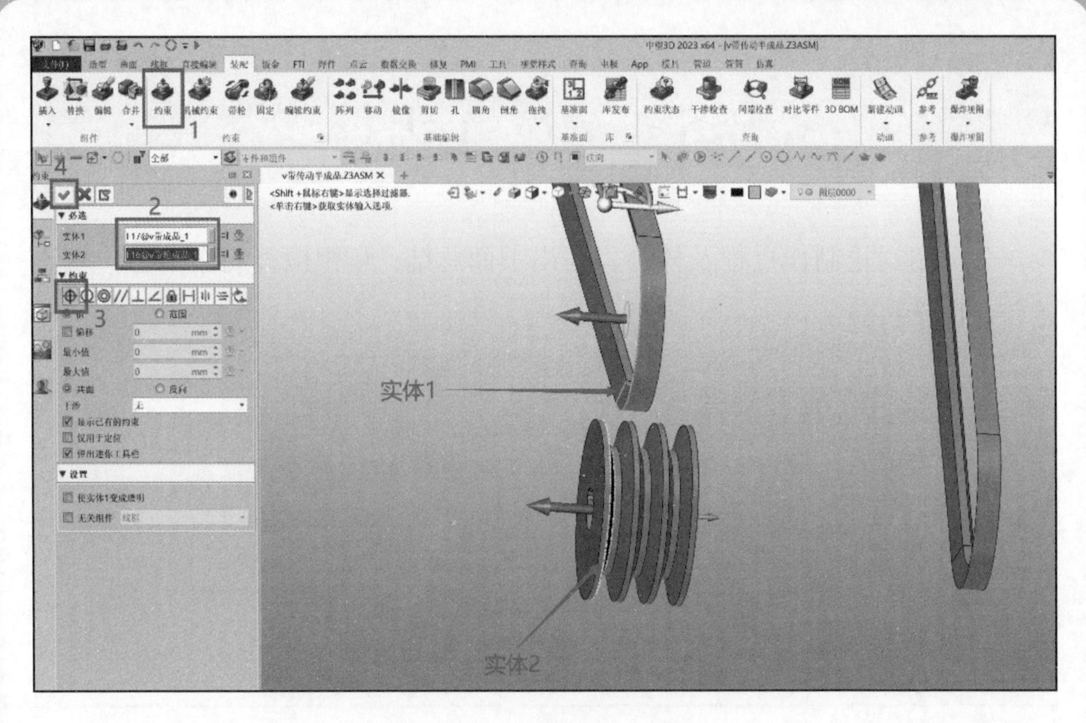

图 16-14　重复上序操作

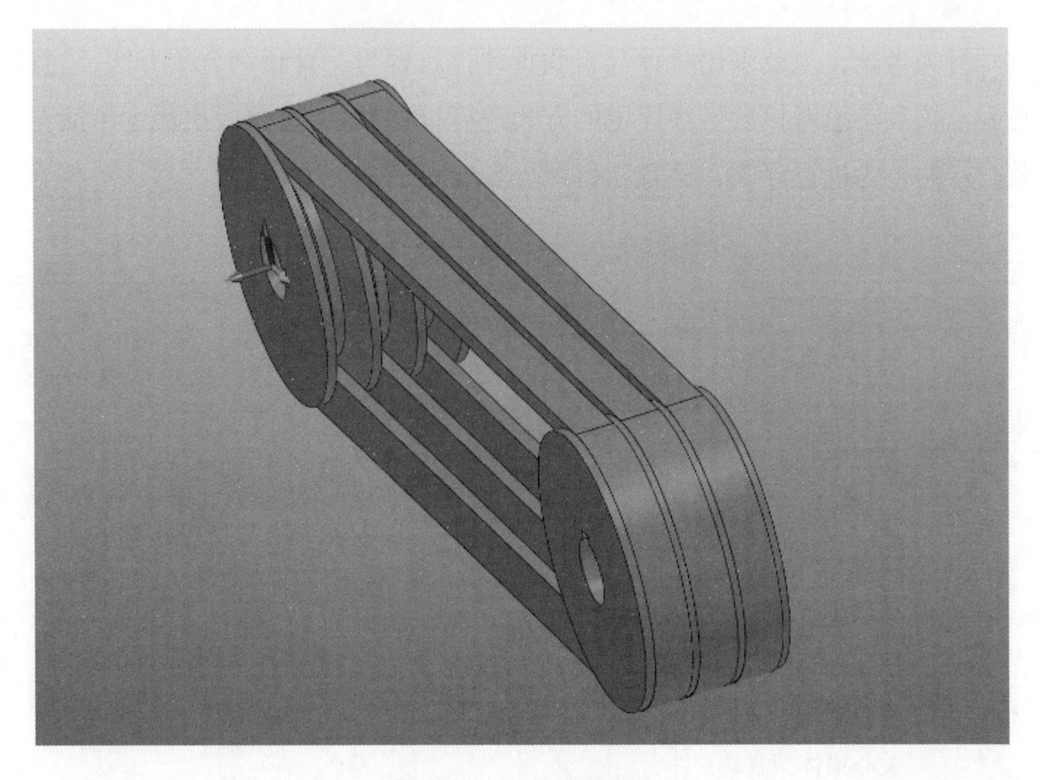

图 16-15　V 带传动

任务 16.4　总结及评价

先分组讨论制作过程及体会，写出书面总结；互相检查制作结果，集体给每位同学打分。

1. 任务完成大调查

任务完成后，进行总结和讨论，打分表如表 16-1 所示。

表 16-1　打分表

序　　号	任务 16.1	任务 16.2	任务 16.3
完成情况			
总分			

2. 行为考核

行为考核，主要采用批评与自我批评、自育与互育相结合的方法，通过自我考核和小组考核后班级评定的方式进行。班级每周进行一次民主生活会，就自己的行为进行评议，德育项目评分表如表 16-2 所示。

表 16-2　德育项目评分表

项目	内　容	等级	备　　注
学习态度	是否认真听讲		
	课余是否玩游戏		
	是否守时		
	是否积极发言		
	作业是否准时完成		
团队合作	服从小组分工		
	积极回答他人问题		
	积极帮助班级做事		
	关心集体荣誉		
	积极参与小组活动		

3. 集体讨论题

V 带传动是如何张紧的？

4. 思考与练习

（1）V 带传动的优缺点是什么？

（2）V 带传动比一般为多少？

项目 17　棘　轮

棘轮是一种外缘或内缘上具有刚性齿形表面或摩擦表面的齿轮，是组成棘轮机构的重要构件，如图 17-1 所示。

图 17-1　棘轮

任务 17.1　认识棘轮

棘轮机构是由棘轮和棘爪组成的一种单向间歇运动机构，由棘爪推动步进运动，这种啮合运动的特点是棘轮只能向一个方向旋转，而不能倒转。

17.1.1　棘轮的结构

棘轮机构是由摇杆 1、棘爪 2、棘轮 3、止动爪 4 和弹簧 5 组成。其中弹簧用来使止动爪和棘轮保持接触，同样也可在摇杆与棘爪之间设置弹簧，以维持棘爪与棘轮的接触，如图 17-2 所示。

单动式棘轮机构：当主动摇杆按某一个方向摆动时，才能推动棘轮转动，如图 17-3 所示。

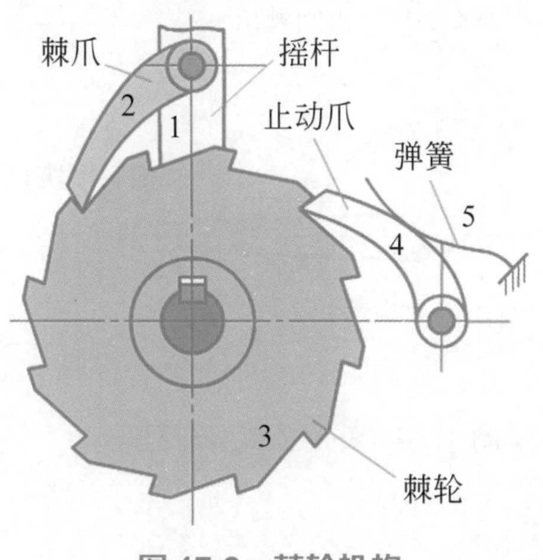

图 17-2　棘轮机构

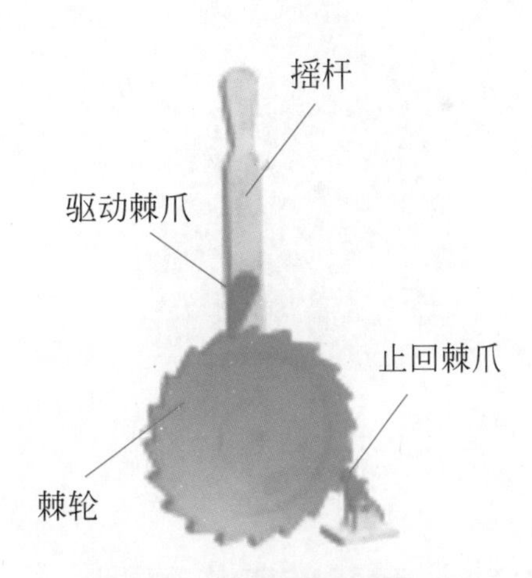

图 17-3　单动式棘轮机构

双动式棘轮机构：在主动摇杆向两个方向往复摆动的过程中，分别带动两个棘爪，两次推动棘轮转动，如图 17-4 所示。当主动摇杆做往复摆动时，两个棘爪轮流推动棘轮朝一个方向转动，这种机构能使得棘轮的转速提高一倍。双动式棘轮机构常用于载荷较大、棘轮尺寸受限、齿数较少，而主动摇杆的摆角小于棘轮齿距的场合。

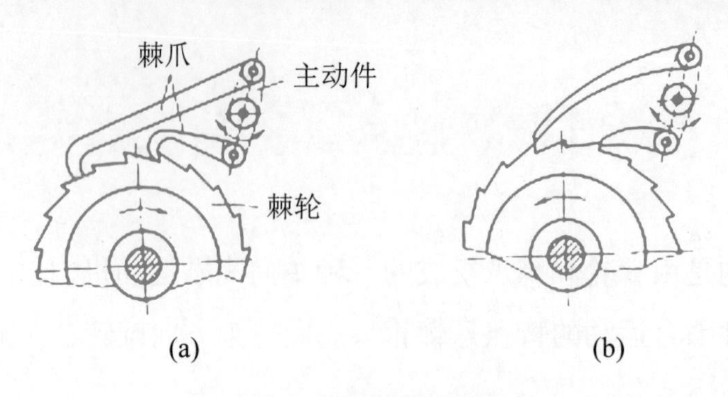

图 17-4　双动式棘轮机构

双向式棘轮机构：采用矩形齿的棘轮，当棘爪位于中线左侧时，棘爪推动棘轮做逆时针方向运动；当棘爪翻转到中线右侧时，棘爪推动棘轮做顺时针方向运动，从而实现棘轮的不同方向转动，如图 17-5 所示。

摩擦式棘轮机构：此机构采用无棘齿的棘轮靠摩擦力推动棘轮转动，如图 17-6 所示是外摩擦式棘轮机构。

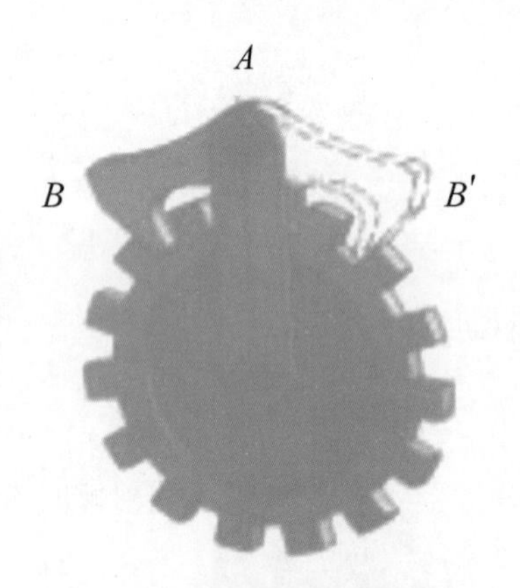

图 17-5　双向式棘轮机构

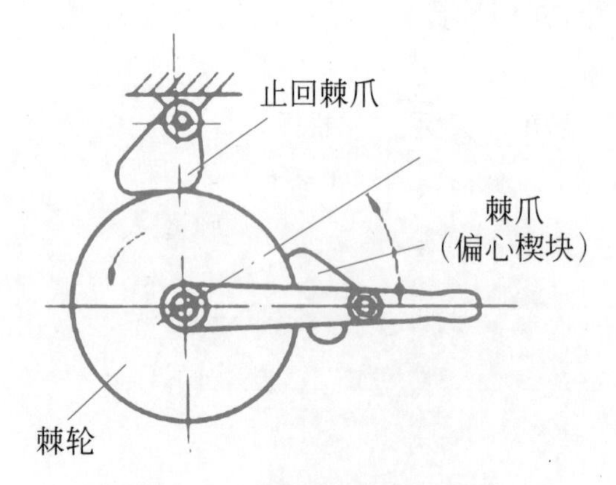

图 17-6　外摩擦式棘轮机构

17.1.2　棘轮的工作原理

单动式棘轮机构的工作原理为，当摇杆逆时针摆动时，驱动棘爪插入棘轮的齿槽中，推动棘轮转过一定角度，止回棘爪在棘轮的齿背上划过；当摇杆顺时针摆动时，驱动棘爪在棘轮的齿背上划过，止回棘爪阻止棘轮做顺时针转动，棘轮静止不动，同时弹簧使止回棘爪和棘轮保持接触。因此摇杆做连续的往复摆动时，棘轮将做单向间歇转动。

任务 17.2　棘轮产品积木拼装

棘轮应用在很多方面，为了更好地了解棘轮相关知识，可以自己动手做一个棘轮传动系统，研究和思考棘轮的基本规律。

（1）准备材料：5 个蓝色三紧销、1 个杏色三松销、1 个三号十字轴、1 个棘轮、1 个皮筋、1 个绿色十一孔臂，2 个黄色十五孔臂，1 个紫色 3×7 双弯孔臂，1 个蓝色五孔六点高砖，如图 17-7 所示。

（2）在绿色十一孔臂中插入 3 个蓝色三紧销，在黄色十五孔臂中插入 2 个蓝色三紧销，安装位置如图 17-8 所示。

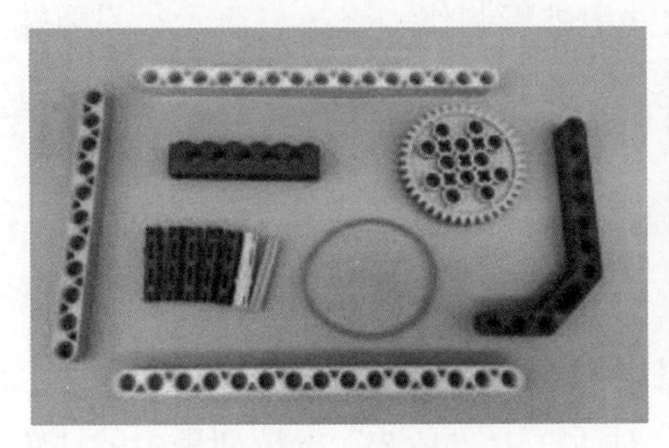

图 17-7　准备材料

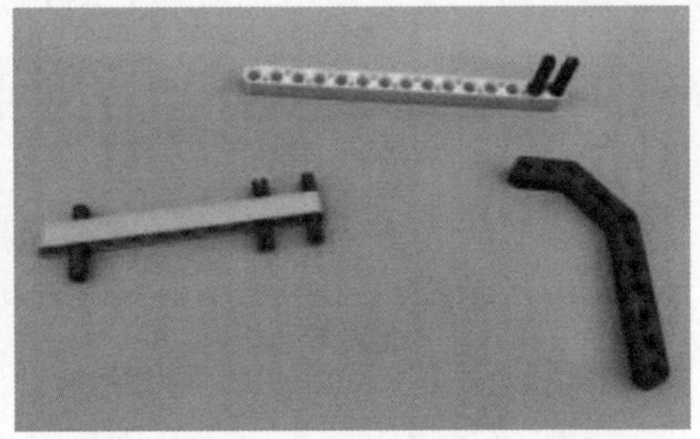

图 17-8　插入紧销

（3）将紫色 3×7 双弯孔臂，绿色十一孔臂，黄色十五孔臂连接，然后将杏色三松销插入蓝色五孔六点高砖中，三号十字轴插入棘轮中，如图 17-9 所示进行安装。

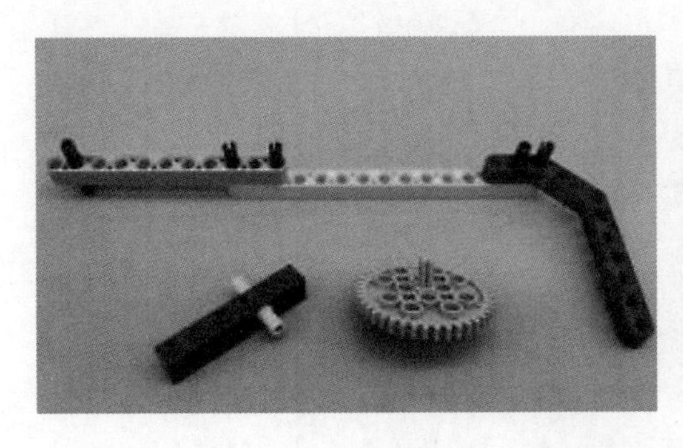

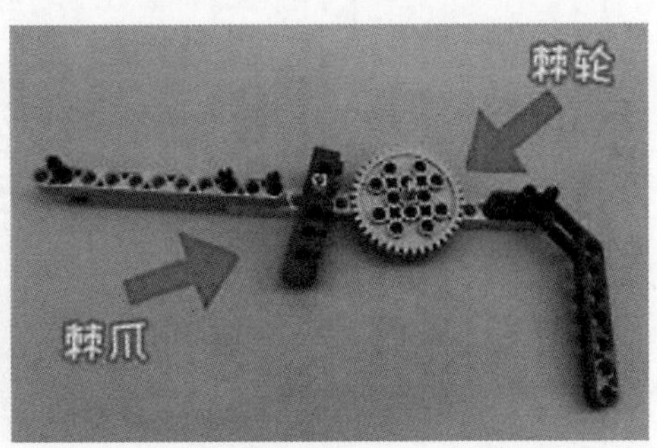

图 17-9　安装

（4）安装另一个黄色十五孔臂，然后将皮筋拿出，一头套在绿色孔臂上，另一头套在蓝色高砖上，最终成品如图 17-10 所示。

图 17-10　最终成品

任务 17.3　机械 CAD 设计棘轮

棘轮机构可以在中望机械 CAD 软件中进行制作、修改、演示，只要输入各种棘轮参数，一个符合要求的棘轮就可设计成功，也可出具设计图纸进行生产。下面具体介绍设计方法。

学习使用中望 3D 软件“拉伸”命令，建立棘轮。

在中望 3D 软件中，选择素材文件夹中的“棘轮草图”，并单击“打开”按钮。

单击“造型”栏中的“拉伸”按钮。

如图 17-11 所示，在弹出的“拉伸”对话框中，“必选”下拉列表中的“轮

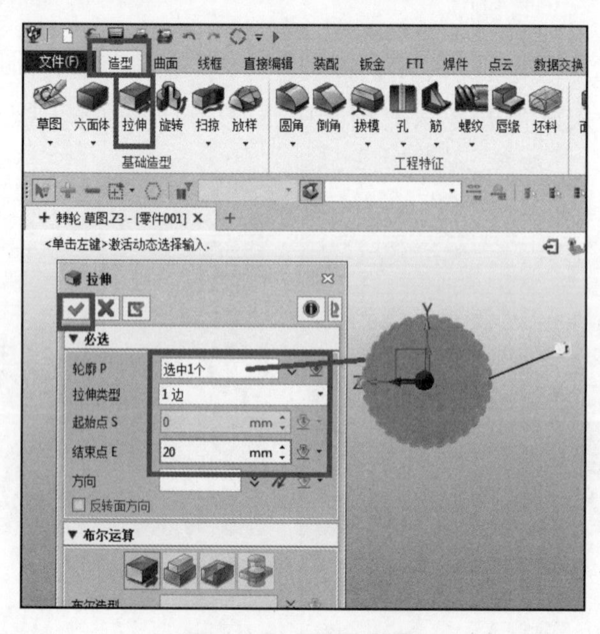

图 17-11　棘轮草图

廓 P”设置为“选中 1 个”（即草图 1），拉伸类型设置随意一种，“结束点 E”设置为 20mm。

单击“确认”按钮，棘轮就建立好了，如图 17-12 所示。

图 17-12　棘轮

任务 17.4　总结及评价

分组讨论制作过程及体会，写出书面总结；互相检查制作结果，集体给每位同学打分。

1. 任务完成大调查

任务完成后，进行总结和讨论，可用表 16-1 所示打分表进行自我评价。

2. 行为考核

行为考核，主要采用批评与自我批评、自育与互育相结合的方法，通过自我考核和小组考核后班级评定的方式进行。班级每周进行一次民主生活会，就自己的行为进行评议，可用表 16-2 所示评分表进行评分。

3. 集体讨论题

上网搜索中望 3D 基本图形，并进行思维导图式讨论。

4. 思考与练习

（1）思考各种基本机械零件对人生的启迪。

（2）掌握中望 3D 的基本使用方法，研究其规律。

项目 18 弹　　簧

弹簧是机械和仪表上应用广泛的常用件，在生活中随处可见。如图 18-1 所示的自行车座椅，如图 18-2 所示的自动铅笔等，都用到了弹簧。

图 18-1　自行车座椅

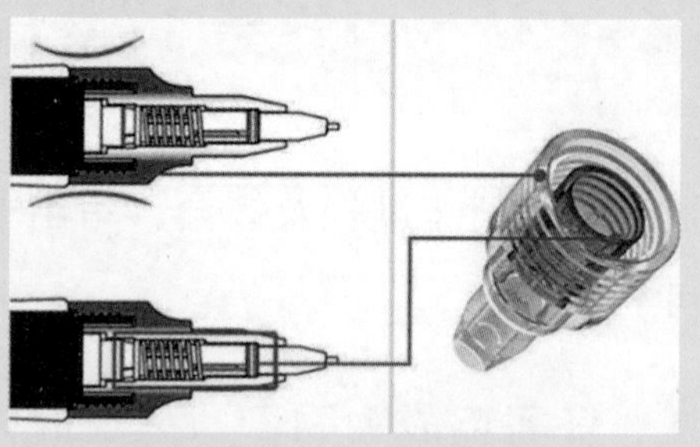

图 18-2　自动铅笔

任务 18.1 认识弹簧

弹簧是一种利用弹性来工作的机械零件。用弹簧制成的零件在外力作用下会发生形变，除去外力后又会恢复原状，利用它的弹性可以控制机件的运动、缓和冲击或振动、储存能量、测量力的大小等。

18.1.1 弹簧的种类

弹簧在日常生活中随处可见，常见的有拉伸弹簧、压缩弹簧、扭转弹簧和旋涡弹簧等。

1. 拉伸弹簧

拉伸弹簧（简称拉簧）是承受轴向拉力的螺旋弹簧，在不承受负荷时，拉伸弹簧的圈与圈之间通常都是并紧没有间隙的，如图 18-3（a）所示。

2. 压缩弹簧

压缩弹簧（简称压簧）是承受轴向压力的螺旋弹簧，它的圈与圈之间有一定的间隙，当受到外载荷时弹簧收缩变形，储存形变能，如图 18-3（b）所示。

3. 扭转弹簧

扭转弹簧属于螺旋弹簧，其端部被固定到其他组件，当其他组件绕着弹簧中心旋转时，该弹簧将它们拉回初始位置，产生扭矩或旋转力，如图 18-3（c）所示。

4. 涡卷弹簧

涡卷弹簧是属于扭转弹簧的变种，同样也是通过扭力来进行工作的，如图 18-3（d）所示。涡卷弹簧是将经过一次卷曲或者两次卷曲好的钢带装入固定盒内，再通过中间芯轴连接，将其卷紧至预定位置，在需要的时候放开预紧力，利用卷紧钢带回弹的力量来达到设计目的。

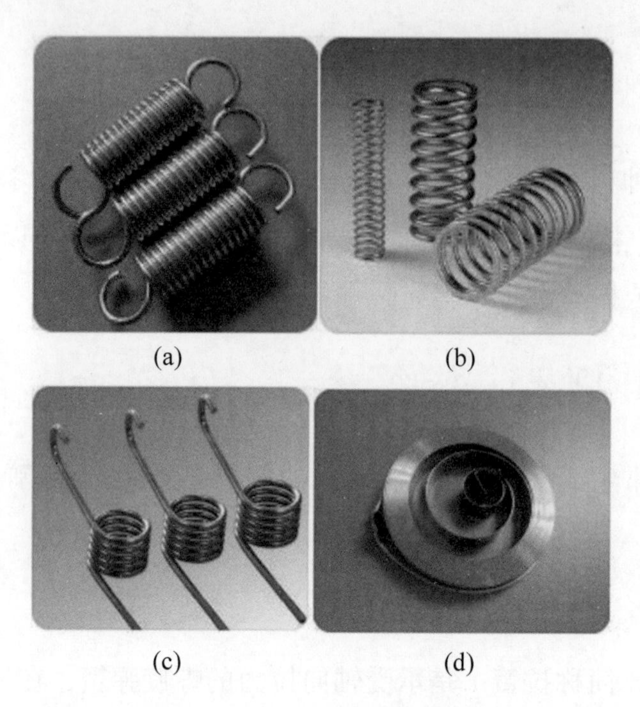

图 18-3　常见的弹簧种类

（a）拉伸弹簧；（b）压缩弹簧；（c）扭转弹簧；（d）涡卷弹簧

18.1.2　弹簧的参数

弹簧有几个重要的参数，如图 18-4 所示是圆柱螺旋压缩弹簧的各部分名称及代号。

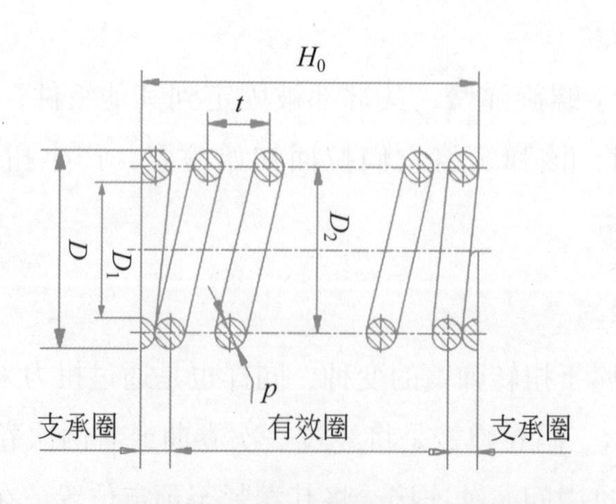

图 18-4　圆柱螺旋压缩弹簧的各部分名称及代号

弹簧重要参数如下。

（1）簧丝直径 d：制造弹簧的钢丝直径。

（2）弹簧外径 D：弹簧的最大直径。

（3）弹簧内径 D_1：弹簧的最小直径。

（4）弹簧中径 D_2：弹簧的平均直径。

（5）节距 t：除支承圈外，弹簧上相邻两圈对应两点之间的轴向距离。

（6）有效圈数 n：弹簧上能保持相同节距的圈数。

（7）支承圈数 n_z：为使弹簧端面受力均匀、放置平稳，制造时会将弹簧两端并紧、磨平，这部分圈数仅起支承作用，常见的为 1.5~2.5 圈，以 2.5 圈为多。

（8）弹簧总圈数 n_1：弹簧的支承圈和有效圈之和，即 $n_1=n+n_z$。

（9）弹簧的自由高度 H_0：弹簧在未受外力作用下的高度。

任务 18.2　弹簧趣味玩具制作

弹簧应用在很多方面，为了更好地了解弹簧相关知识，可以自己动手做一个弹簧趣味玩具，研究和思考弹簧的基本规律。

把较多小颗粒积木一层层螺旋堆叠，如图 18-5 所示，堆叠到一定高度就会产生弹簧效果，如图 18-6 所示。

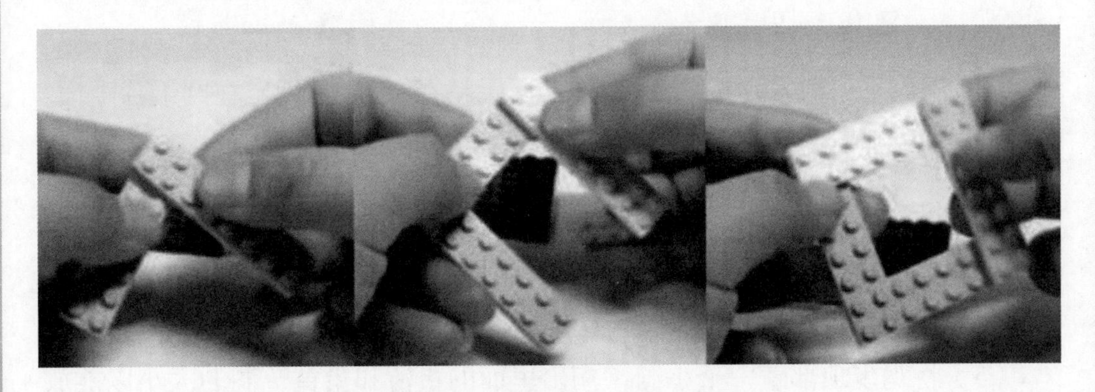

图 18-5　小颗粒弹簧结构制作

图 18-6　小颗粒弹簧

接下来用弹簧做一个摇头小公仔，放置于桌面，看着公仔摇来晃去，即可观察趣味物理的动态。制作步骤如下。

（1）准备一个大小适中的弹簧，用钳子将弹簧的一端卷成一个大小和弹珠相同的小圈，将弹珠嵌入小圈里面，滴入几滴胶水加固，如图 18-7 所示。

（2）用硬纸包装盒剪一个直径为 4cm 左右的圆纸片，为了美观可在纸片周围粘上一圈彩纸，如图 18-8 所示。

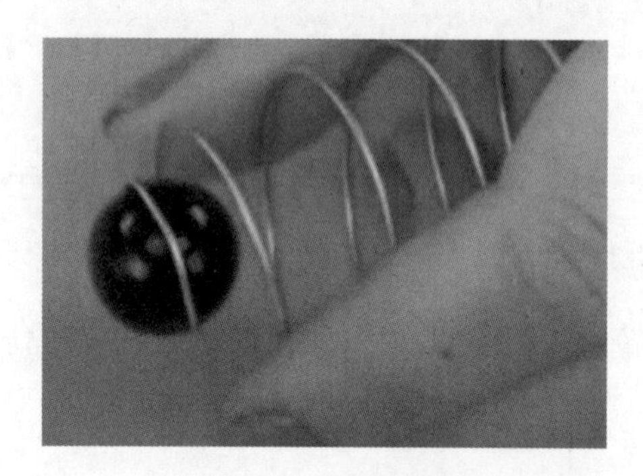

图 18-7　固定弹珠

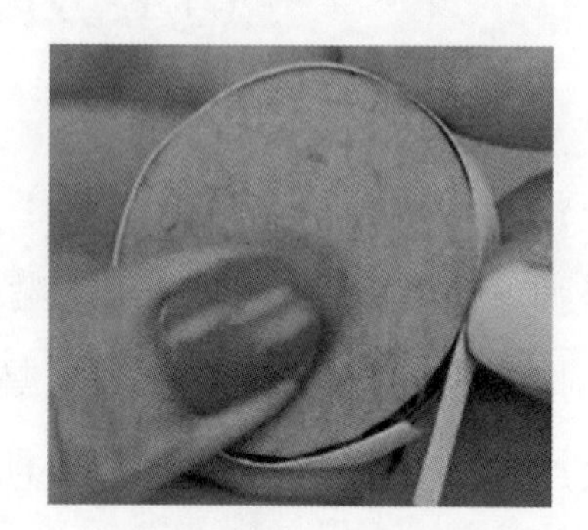

图 18-8　圆纸片

（3）用胶水将薄木片按照如图 18-9 所示粘在一起，并固定在圆纸片上面，公仔的脚就做成了。

（4）将步骤（1）中的弹簧用胶水粘在圆纸片的另一面，当作公仔的身体，如图 18-10 所示。此外，还可以将已完成的部分涂上自己喜欢的颜色使其更精美，如图 18-11 所示。

（5）将鸡蛋顶部磕一个小洞，掏出里面的蛋清和蛋黄，洞的大小以能放入两根手指为宜，小心不要弄破，然后在蛋壳表面画上自己喜欢的表情，如

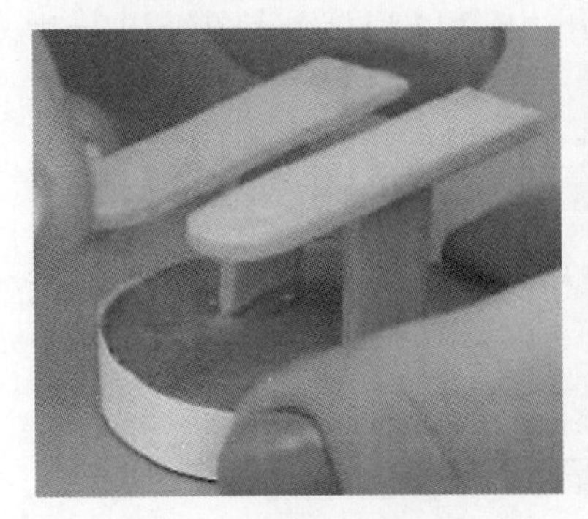

图 18-9　做公仔的脚

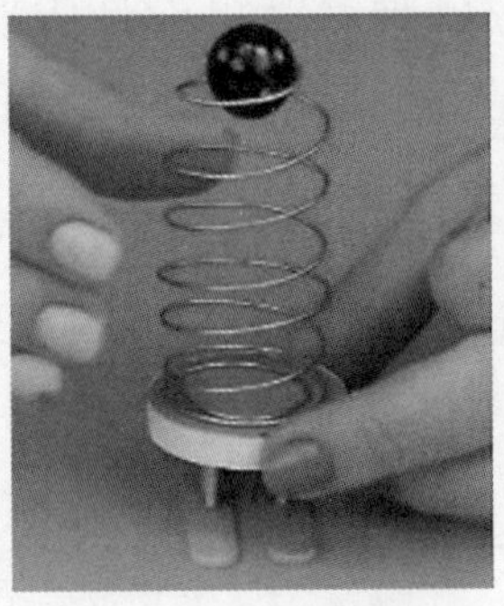

图 18-10　固定弹簧

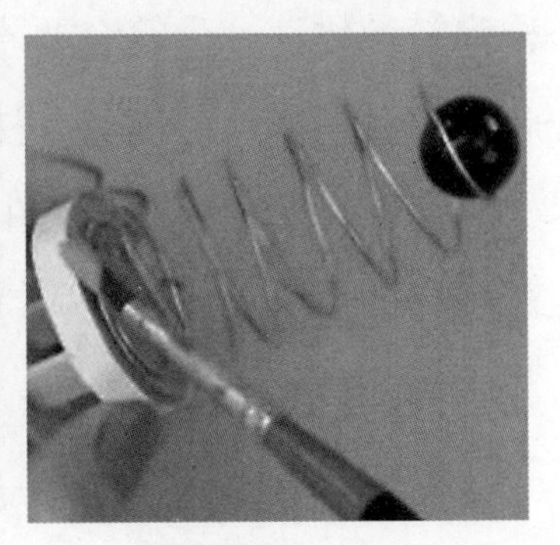

图 18-11　涂色

图 18-12 所示。

（6）最后将蛋壳轻轻放到弹珠上面，一个可爱的弹簧摇头公仔就完成了，如图 18-13 所示。

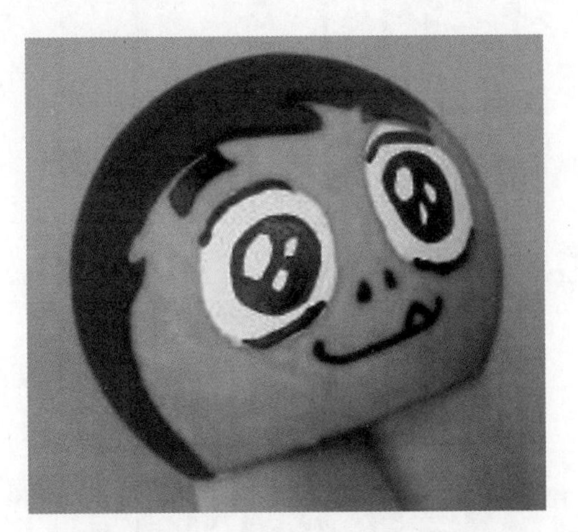

图 18-12　画完表情的蛋壳图

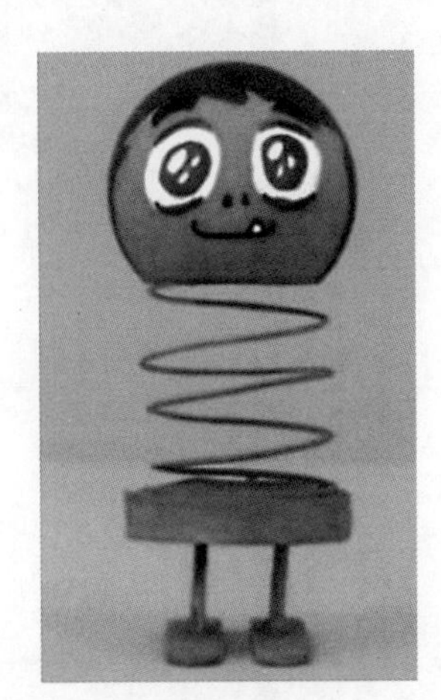

图 18-13　弹簧摇头公仔

这种弹簧公仔是用在汽车、办公室或家庭的装饰玩具，通常选用各种小动物、卡通的形体，公仔头部和主体用一根弹簧连接，当公仔摇动时，其头部在弹簧的作用下一起摇动，很有趣味性。

任务 18.3　机械 CAD 设计弹簧

弹簧可以在中望机械 CAD 软件中进行组装、修改、设计，只要输入各

种弹簧参数，一个符合要求的弹簧就可设计成功，也可出具设计图纸进行生产。下面具体介绍设计方法。

首先打开中望 3D 软件，进入页面后，如图 18-14 所示，单击“新建”按钮，在弹出的“新建文件”对话框中单击“零件”和“标准”按钮，再次单击“确认”按钮。

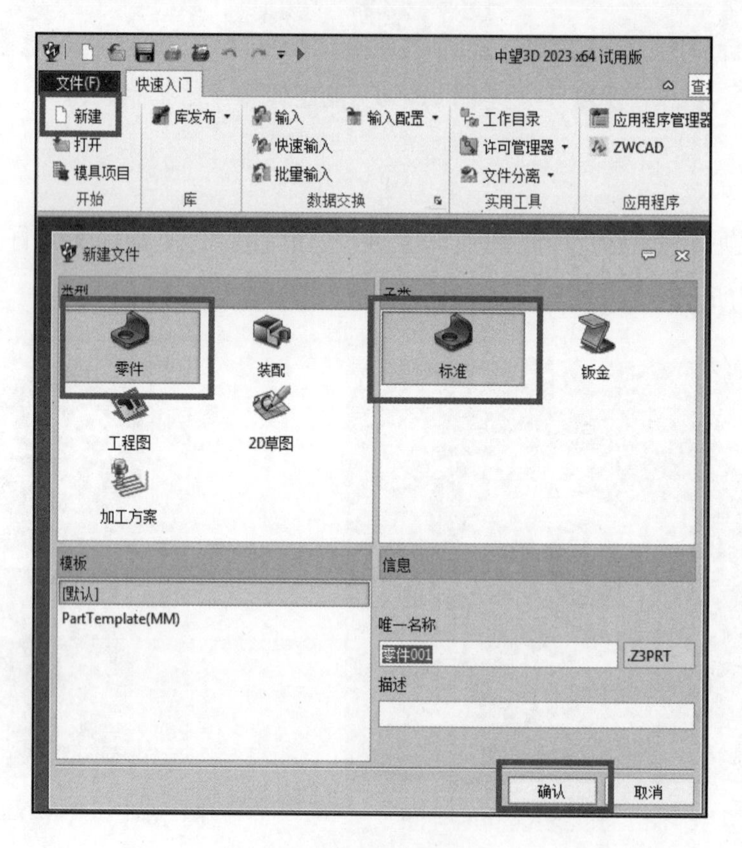

图 18-14　打开

如图 18-15 所示，单击右下方“文件浏览器”按钮，随后在右侧工具栏中找到并单击“重用库”按钮，在弹出的“重用库”对话框中选择“ZW3D Standard Parts”→“GB”→“弹簧”→“螺旋弹簧”文件夹，然后在“文件列表”的下拉列表中双击“小型圆柱螺旋压缩弹簧 I 型”。

在弹出的“添加可重用零件”对话框中，将“关键 / 自定义参数”下拉列表中的“材料直径 d”设置为 0.3mm，“弹簧中径 D”设置为 2mm，“有效圈数 n”设置为 5.5。

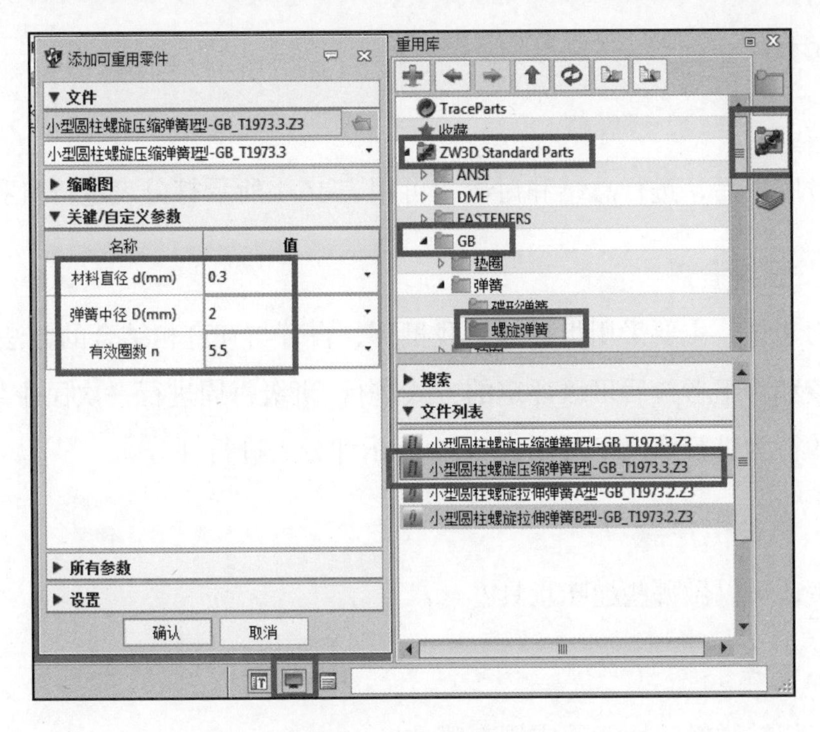

图 18-15　重用库

最后单击“确认”按钮，就可以得到一个圈数为 5，中径为 2mm 的压缩弹簧了，如图 18-16 所示。

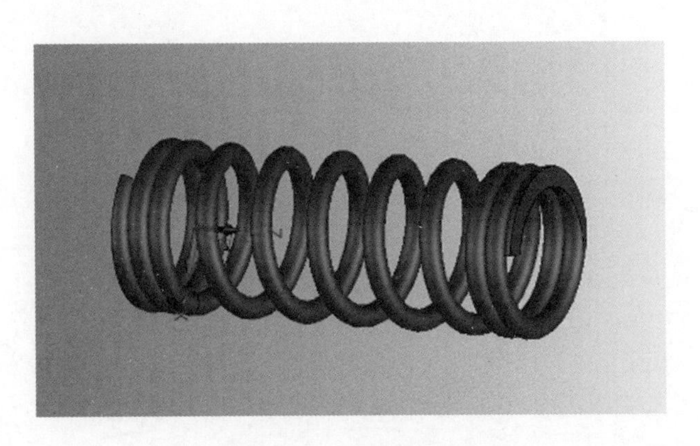

图 18-16　最终效果

任务 18.4　总结及评价

分组讨论制作过程及体会，写出书面总结；互相检查制作结果，集体给

每位同学打分。

1. 任务完成大调查

任务完成后，进行总结和讨论，可用表 16-1 所示打分表进行自我评价。

2. 行为考核

行为考核，主要采用批评与自我批评、自育与互育相结合的方法，通过自我考核和小组考核后班级评定的方式进行。班级每周进行一次民主生活会，就自己的行为进行评议，可用表 16-2 所示评分表进行评分。

3. 集体讨论题

弹簧还可以做哪些趣味玩具？

4. 思考与练习

（1）扭转弹簧的性能及应用有哪些？

（2）弹簧还可以应用在哪些地方？

项目 19　蜗 轮 蜗 杆

蜗轮蜗杆是通过机床工艺切割技术制造出来的、常用来传递两个交错轴之间运动和动力的结构，可以得到很大的传动比，比交错轴斜齿轮机构紧凑，广泛应用于工程机械回转支撑等方面。蜗轮蜗杆可以提高设备的稳定旋转，保障整机的稳定运行。

任务 19.1　认识蜗轮蜗杆

蜗轮蜗杆传动由交错轴斜齿圆柱齿轮传动演变而来。小齿轮的轮齿分度圆柱面缠绕一周以上，这样的小齿轮外形像一根螺杆，称为蜗杆，大齿轮称为蜗轮。为了改善啮合状况，可以将蜗轮分度圆柱面的母线改为圆弧形，使之将蜗杆部分包住，并用与蜗杆形状和参数相同的滚刀范成加工蜗轮，这样齿廓间为线接触，可传递较大的力，如图 19-1 所示。

图 19-1　蜗轮蜗杆

19.1.1　蜗轮蜗杆的结构特点

蜗轮蜗杆主要由蜗轮和蜗杆组成，可应用在挖掘机回转机构、工矿设备的整机旋转等场景下。蜗轮蜗杆在挖掘机回转机构场景下使用可以防范旋转速度过快带来的风险，在工矿设备的整机旋转场景下使用可以防止工作中设备不稳定，保证蜗轮蜗杆结构的正确应用。蜗轮蜗杆的主要特点如下。

（1）传动比大，结构紧凑。蜗杆头数用 Z_1 表示（一般 Z_1 的取值范围为 1~4），蜗轮齿数用 Z_2 表示。从传动比公式 $i=Z_2/Z_1$ 可以看出，当 $Z_1=1$，即蜗杆为单头时，蜗杆须转 Z_2 圈蜗轮才转一个齿，因而可得到很大传动比，一般在传动机构中，传动比 i 的取值范围为 10~80；在分度机构中，i 可达

1 000。这样大的传动比，如用齿轮传动，需要采取多级传动，所以蜗杆传动结构紧凑、体积小、重量轻。

（2）传动平稳，无噪声。因为蜗杆齿是连续不间断的螺旋齿，与蜗轮齿啮合时也是连续不断的，蜗杆齿没有进入和退出啮合的过程，因此工作平稳，冲击、振动、噪声小。

（3）传动具有自锁性。蜗杆的螺旋升角很小时，只能蜗杆带动蜗轮传动，而蜗轮不能带动蜗杆传动。

（4）传动效率低，磨损较严重。由于啮合轮齿间相对滑动速度大，故摩擦损耗大，因而传动效率低。

（5）发热量大，齿面容易磨损，成本高。为了散热和减小磨损，常需贵重的抗磨材料和良好的润滑装置，故成本较高。

（6）蜗杆的轴向力较大，如图 19-2 所示。

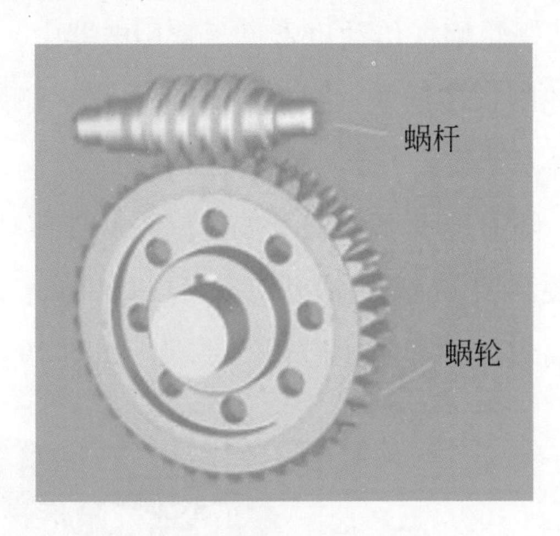

图 19-2　蜗杆的轴向力

19.1.2　蜗轮蜗杆传动的应用

蜗轮蜗杆传动在许多行业和领域得到广泛应用，包括但不限于以下几方面。

（1）工业机械：蜗轮蜗杆传动广泛应用于各类工业机械中，如输送机、搅拌机、提升机、挖掘机等。由于蜗轮蜗杆传动具有大传动比和自锁性的特点，能够提供可靠的力矩输出和防止逆转的功能，因此适用于需要大扭矩输出和精确控制的工业应用。

（2）交通运输：蜗轮蜗杆传动被应用于汽车、摩托车、自行车等交通工具的传动系统中。在汽车中，蜗轮蜗杆传动常用于座椅调节、车窗升降、天窗开闭等部件的驱动；在自行车中，蜗轮蜗杆传动常用于后轮驱动系统，实现后轮的转动。

（3）精密仪器：由于蜗轮蜗杆传动具有较高的传动精度和平稳性，被广泛应用于精密仪器和仪表中。例如，光学仪器中的焦距调节装置、显微镜中的聚焦装置、天文望远镜中的导轨系统等都采用了蜗轮蜗杆传动。

（4）建筑工程：蜗轮蜗杆传动被用于建筑工程中的各类起重设备和升降机械。它能够提供大转矩输出和平稳的传动特性，满足建筑工程中对于重载、平稳和可靠的要求。

（5）家用电器：蜗轮蜗杆传动也常见于家用电器中，如搅拌机、榨汁机、食品加工机等。蜗轮蜗杆传动能够提供高转矩输出，实现食品的混合、搅拌和粉碎等操作。

（6）电动车辆：随着电动车辆的发展，蜗轮蜗杆传动在电动汽车和电动自行车中的应用也逐渐增多。蜗轮蜗杆传动可以提供高转矩输出和自锁功能，满足电动车辆对于高效传动和防止逆转的要求，如图 19-3 所示。

图 19-3　蜗轮蜗杆减速机

任务 19.2　减速器积木拼装

减速器应用在很多方面，为了更好了解减速器相关知识，可以自己动手做一个减速器传动系统，研究和思考减速器的基本规律。

（1）材料准备，如图 19-4 所示。

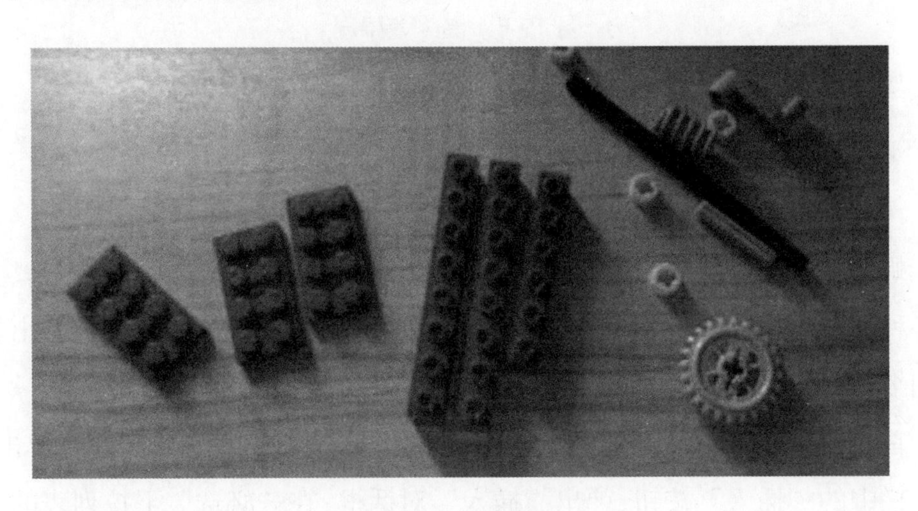

图 19-4　材料准备

（2）组装蜗轮蜗杆传动，如图 19-5 所示。

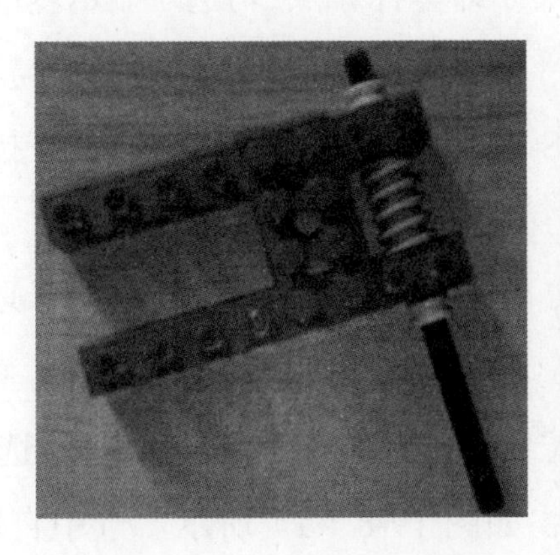

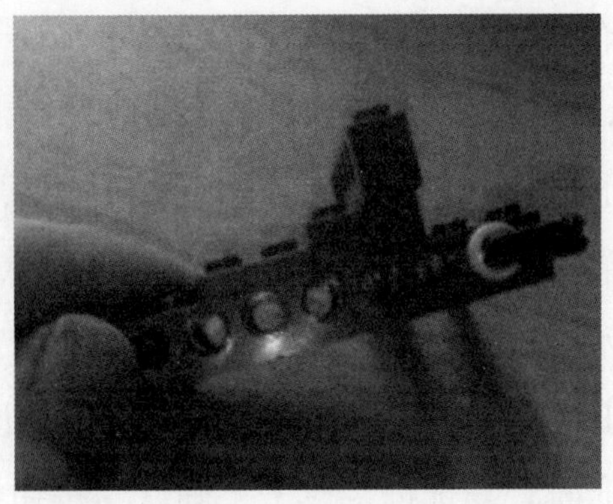

图 19-5　组装蜗轮蜗杆传动

（3）最后安装摇臂，旋转摇臂，可以发现在蜗轮蜗杆的作用下，摇臂旋转再快，蜗轮依旧慢速旋转，如图 19-6 所示。

图 19-6 最终效果图

任务 19.3 中望 3D 装配蜗轮蜗杆

蜗轮蜗杆可以在中望机械 CAD 软件中进行组装、修改、设计，只要输入各种蜗轮蜗杆参数，一个符合要求的蜗轮蜗杆就可设计成功，也可出具设计图纸进行生产。下面具体介绍设计方法。

首先，打开中望 3D 软件，新建一个装配图。然后如图 19-7 所示，单击“装配”栏中的“插入”按钮，弹出“插入”对话框，在“必选”下拉列表的“文件 / 零件”中选择“蜗轮”，在“放置”下拉列表的“面 / 基准”中单击绘图区坐标系中的 XZ 平面，在“位置”中输入 0 即坐标原点，勾选“显示基准面”复选框，单击“确认”按钮，如图 19-7（a）所示。自动会生成涡轮与默认 CSYS_XY 的重合约束，涡轮与默认 CSYS_XZ 的平行约束，单击“确认”按钮，如图 19-7（b）所示。

单击“装配”栏中的“插入”按钮，弹出“插入”对话框，在“必选”下拉列表的“文件 / 零件”中选择“涡杆”。在“放置”下拉列表的“面 / 基准”中单击绘图区坐标系中的 XZ 平面，在“位置”中输入 0 即坐标原点，勾选“显示基准面”复选框，单击“确认”按钮，如图 19-8（a）所示。选中自动生成的涡杆与默认 CSYS_XZ 平行约束，按“×”按钮删除，单击“确认”按钮，如图 19-8（b）所示。

如图 19-9 所示，单击“装配”栏中的“移动”按钮，弹出“移动”对话框，

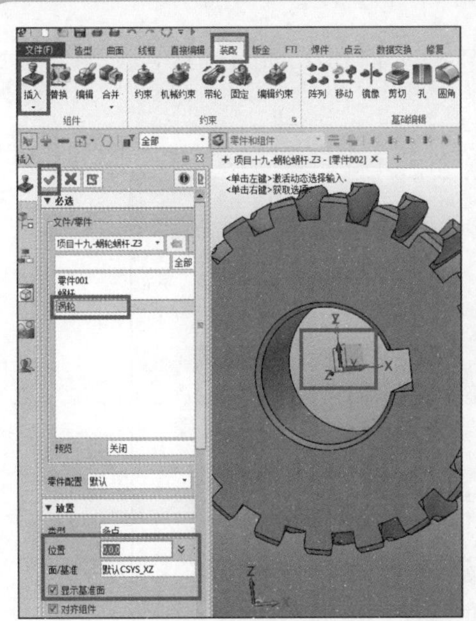

(a)

(b)

图 19-7　插入蜗轮

（a）插入蜗轮；（b）编辑约束

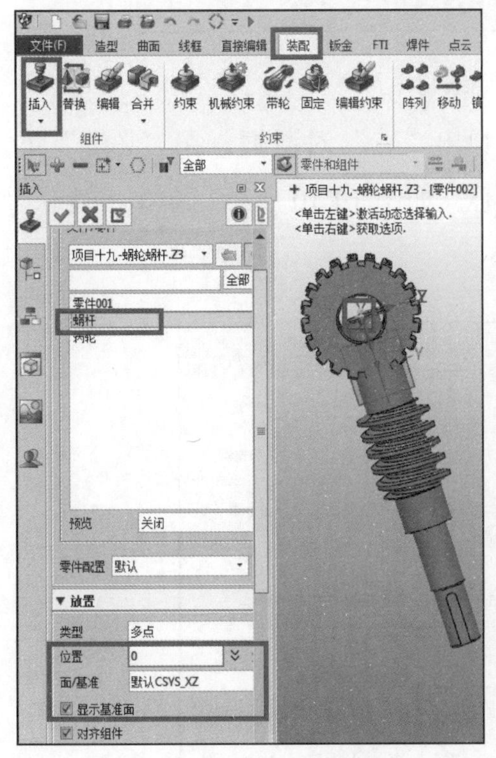

(a)

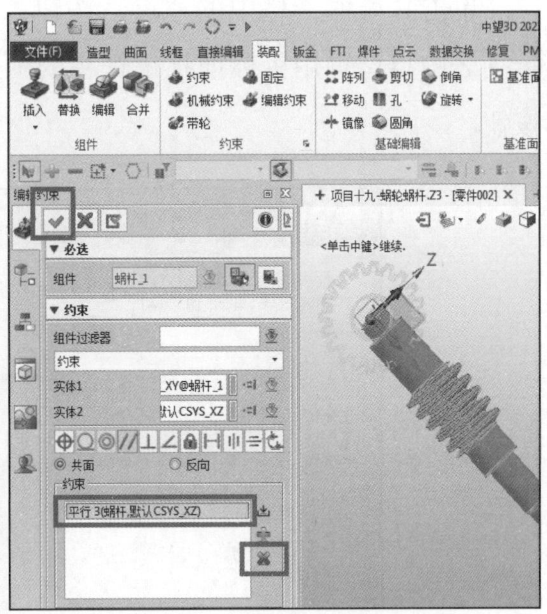

(b)

图 19-8　插入蜗杆

（a）插入蜗轮；（b）编辑约束

在“必选”下拉列表中单击按钮，调整蜗轮 X 轴和 Y 轴的位置，使蜗杆与蜗轮基本啮合。

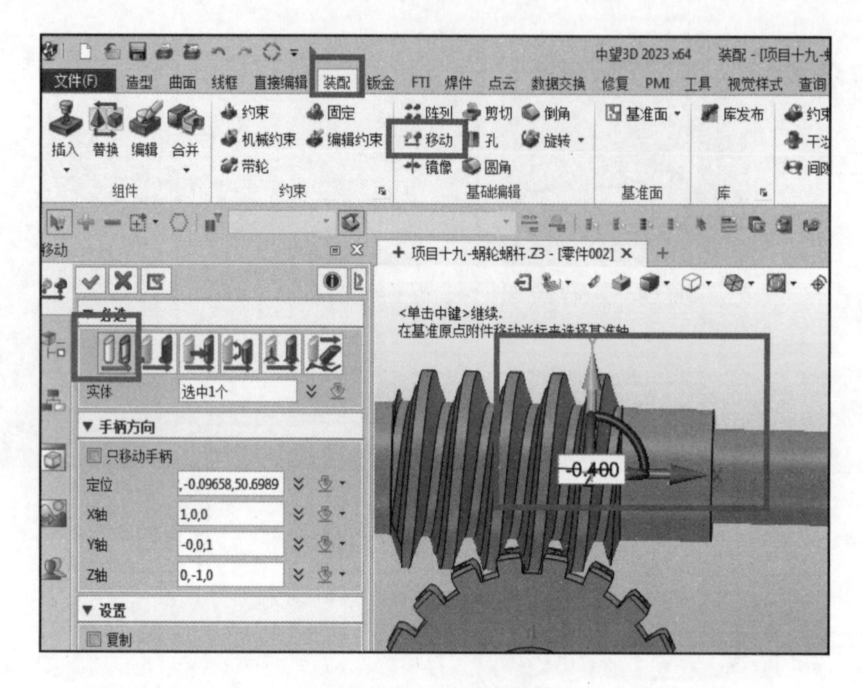

图 19-9　移动蜗轮

单击“线框”栏中的“点”按钮，弹出“点”对话框，在“必选”下拉列表中点位置用鼠标捕捉蜗杆头的圆心，如图 19-10 所示，单击“确认”按钮。

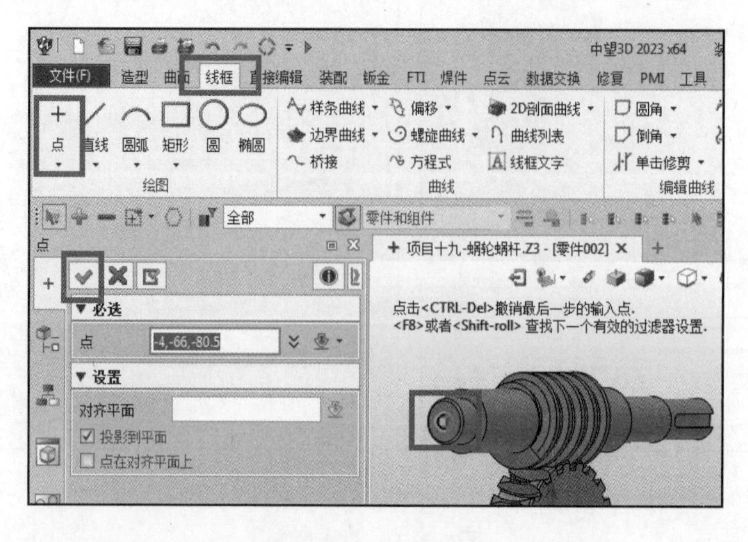

图 19-10　插入点

如图 19-11 所示，将点与蜗杆 F13 面添加重合约束，单击“装配”栏中的“约束”按钮，弹出“约束”对话框，在“必选”下拉列表中设置实体 1 和实体 2，随后在“约束”下拉列表中单击“重合”按钮。

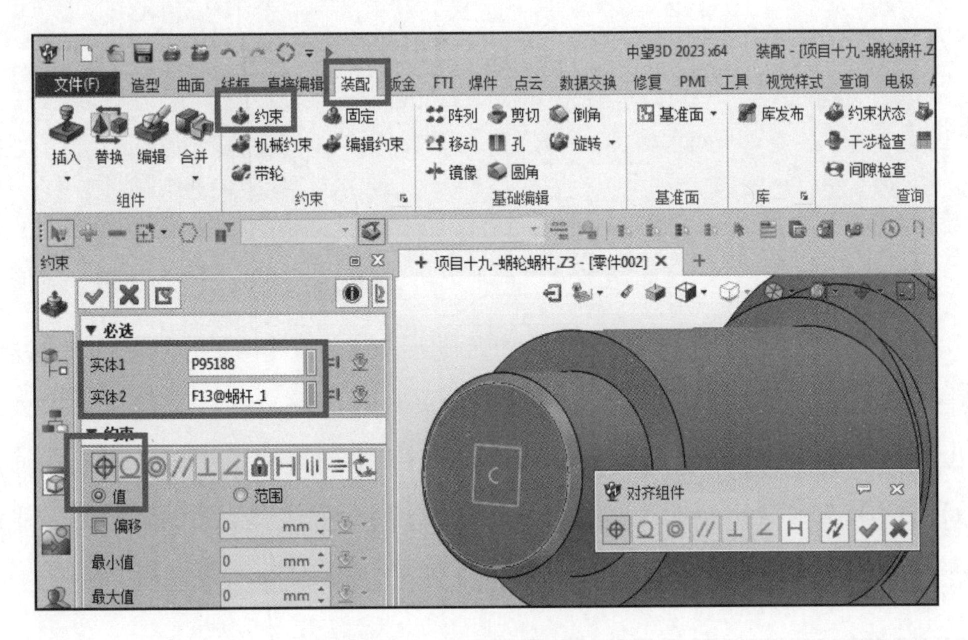

图 19-11　添加“重合”约束

如图 19-12 所示，按照相同操作步骤，将点与基准面、蜗杆 F10 添加“同心”约束。

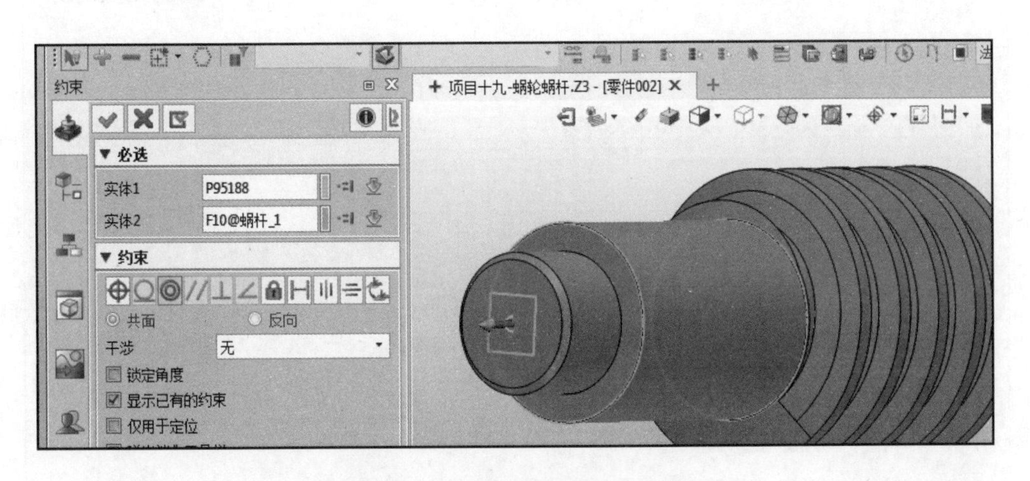

图 19-12　添加“同心”约束

如图 19-13 所示，按照相同操作步骤，将点与 XZ 基准面添加“平行”约束。

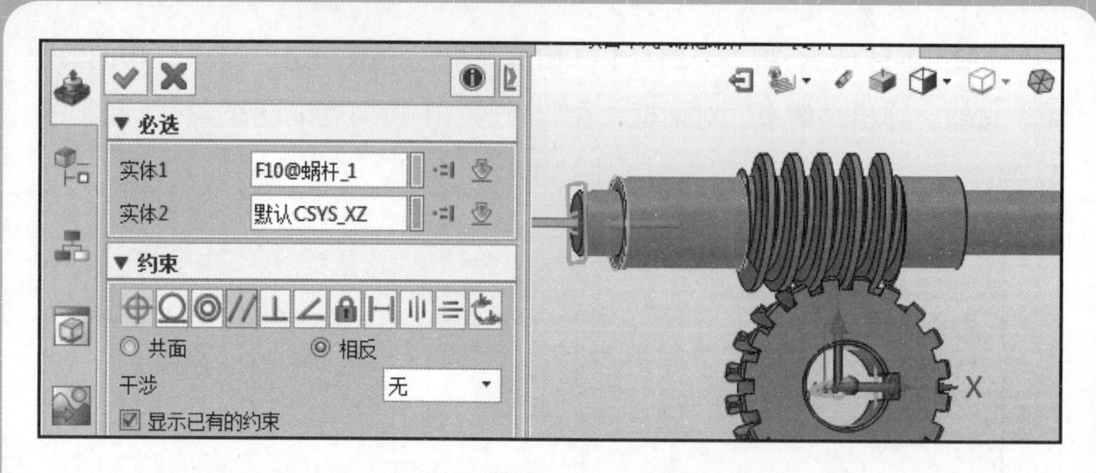

图 19-13　添加“平行”约束

约束完成后各组件可做圆周运动，随后如图 19-14 所示，单击“装配”栏中的“机械约束”按钮，弹出“机械约束”对话框，在“必选”下拉列表中设置“齿轮 1”和“齿轮 2”，在“约束”下拉列表中单击⚙按钮，在弹出的对话框中选中“齿轮”单选按钮，并设置“齿数 1”和“齿数 2”。完成后蜗轮蜗杆啮合成功。缓慢拖动蜗轮表面，蜗轮蜗杆即作啮合运动。

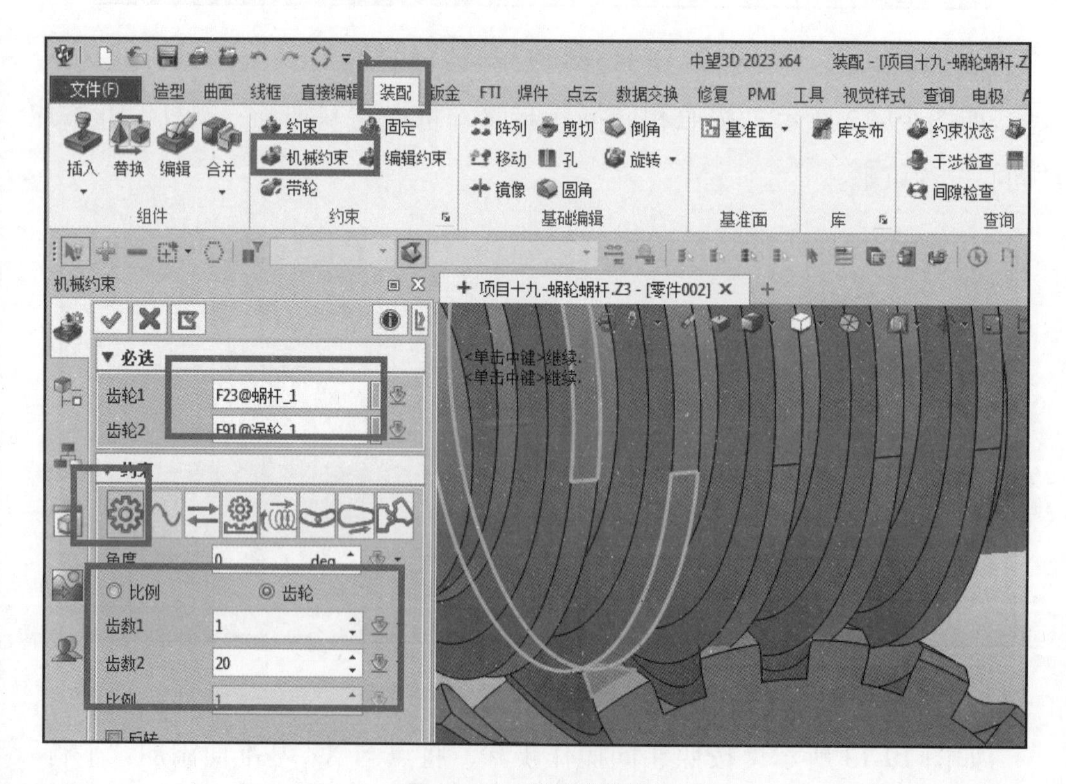

图 19-14　“机械约束”

任务 19.4　总结及评价

分组讨论制作过程及体会，写出书面总结；互相检查制作结果，集体给每位同学打分。

1. 任务完成大调查

任务完成后，进行总结和讨论，可用表 16-1 所示打分表进行自我评价。

2. 行为考核

行为考核，主要采用批评与自我批评、自育与互育相结合的方法，通过自我考核和小组考核后班级评定的方式进行。班级每周进行一次民主生活会，就自己的行为进行评议，可用表 16-2 所示评分表进行评分。

3. 集体讨论题

简述蜗轮蜗杆传动的优缺点。

4. 思考与练习

蜗轮蜗杆传动的失效形式和齿轮传动相比有何异同？针对其失效形式应如何选择蜗杆和蜗轮材料？

项目 20 轴　　承

中国是世界上最早发明滚动轴承的国家之一，在中国古籍中，关于车轴轴承的构造早有记载。在机械设备中，用来支承轴的零件称为轴承。

任务 20.1 认识轴承

轴承是当代机械设备中一种重要零部件，它的主要功能是支撑机械旋转体，降低其运动过程中的摩擦系数，并保证回转精度。

20.1.1 轴承的种类

轴承分为滑动轴承和滚动轴承两大类，其中滚动轴承设计简单、应用方便、使用寿命较长，被广泛使用。滚动轴承的分类方法有很多，常见的有以下几种。

1. 按承受载荷的方向分类

滚动轴承按承受载荷的方向不同，可分为向心轴承、推力轴承、向心推力轴承。

（1）向心轴承：向心轴承主要承受径向载荷。标准的向心球轴承里有一个深沟结构，如图 20-1（a）所示，可以承受来自任意方向上的径向载荷和较小轴向载荷，广泛应用于普通工业、汽车行业、农业、化工业和家用电器行业。

（2）推力轴承：推力轴承只承受轴向载荷，常用的有推力球轴承和推力滚子轴承。推力球轴承采用高速运转时可承受推力载荷的设计，由带有球滚动的滚道沟的垫圈状套圈构成，如图 20-1（b）所示。

（3）向心推力轴承：向心推力轴承同时承受径向和轴向载荷，主要用于同时具有径向、轴向载荷传动轴的安装、固定之中。为了有效消除来自转动体两端的轴向力，轴承必须面对面或背靠背安装于转动体两端。如图 20-1（c）所示为圆锥滚子轴承。

2. 按滚动体的形状分类

滚动轴承按滚动体的形状不同，可以分为球轴承和滚子轴承。滚动体为

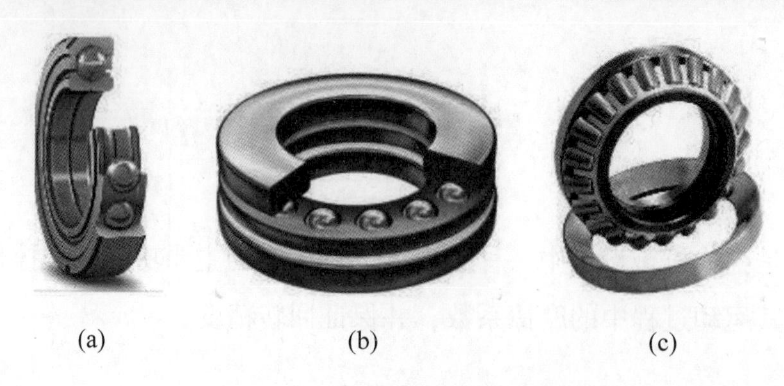

图 20-1　按承受载荷方向分类

（a）向心轴承；（b）推力轴承；（c）向心推力轴承

球体的轴承称为球轴承；滚动体为圆柱滚子、圆锥滚子和滚针等的轴承称为滚子轴承。

3. 按滚动体的排列和结构分类

滚动轴承按滚动体的排列和结构分类，可分为单列、多列和轻、重、宽、窄系列等。

20.1.2　滚动轴承的结构

滚动轴承由内圈、外圈、滚动体和保持架 4 部分组成，如图 20-2 所示。内圈的作用是与轴相配合并与轴一起旋转；外圈与轴承座相配合，起支撑作用；滚动体借助保持架均匀分布在内圈和外圈之间，其形状大小和数量直接影响着滚动轴承的使用性能和寿命；保持架能使滚动体均匀分布，引导滚动体旋转，起润滑作用。

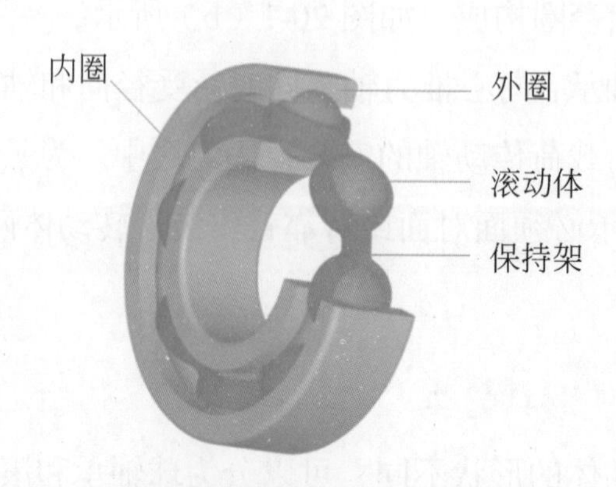

图 20-2　滚动轴承的结构

任务 20.2　轴承趣味玩具制作

三个轴承就能制作一个指间陀螺，你知道原理吗？指尖陀螺是一种中心对称结构、可以在手指上空转的小玩具，如图 20-3 所示。指尖陀螺只有一个主要的物理效果，就是依赖轴承滚动原理达到旋转效果，把玩指尖陀螺仅需要用拇指与另外一个手指的捏力提供固定支点，再利用第三个手指指尖进行拨动便可使其旋转。

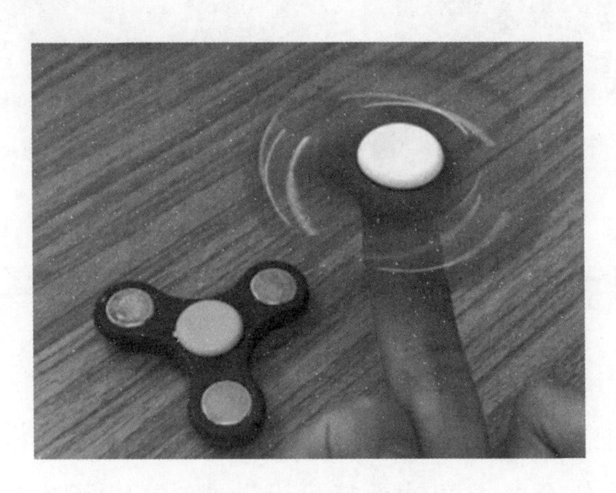

图 20-3　指尖陀螺

利用轴承制作指尖陀螺的步骤如下。

（1）取出 3 个轴承，将 3 根塑料绳首尾相连。

（2）用塑料绳将 3 个轴承并排相连固定在一起，如图 20-4 所示，用剪刀剪去多余的塑料绳，按住中间的轴承转动它，如图 20-5 所示。

图 20-4　固定轴承

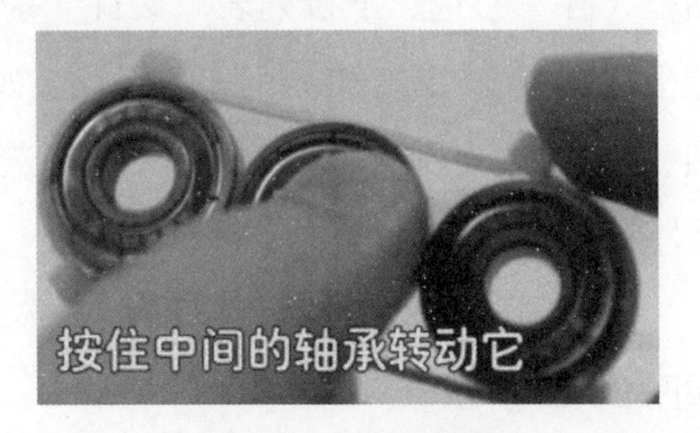

图 20-5　转动轴承

（3）再取两小节塑料绳，如图 20-6 所示，分别绑在两个轴承中间，一个指尖陀螺就完成了。

（4）将用轴承做好的陀螺放在手指上转动，如图 20-7 所示。另外，指尖陀螺的外观设计、形态构造、主体用料和表面处理不尽相同，而且外观创新也层出不穷，因此指尖陀螺的旋转效果是多样化的，具有可塑性。

图 20-6　指尖陀螺

图 20-7　把玩陀螺

任务 20.3　机械 CAD 设计轴承

轴承可以在中望机械 CAD 软件中进行组装、修改、设计，只要输入各种轴承参数，一个符合要求的轴承就可设计成功，也可出具设计图纸进行生产。下面具体介绍设计方法。

首先打开中望 3D 软件，单击“新建”按钮，如图 20-8 所示，在弹出的对话框中单击“装配”和“标准”按钮，单击“确认”按钮。

如图 20-9 所示，单击“装配”栏中的“插入”按钮，弹出“插入”对话框，在“必选”下拉列表“文件 / 零件”中选择“外圈 .Z3PRT”，并拖动至坐标轴中心，单击“应用”按钮确定，如图 20-10 所示用同样的方法插入“内圈 .Z3PRT”（如果方向不对，面 / 基准选择“默认 CSYS_YZ”），最后单击“确认”按钮。

使用同样的操作继续插入“滚动体”，如图 20-11 所示；插入“保持架”，如图 20-12 所示。

插入完成后轴承就建立好了，如图 20-13 所示。

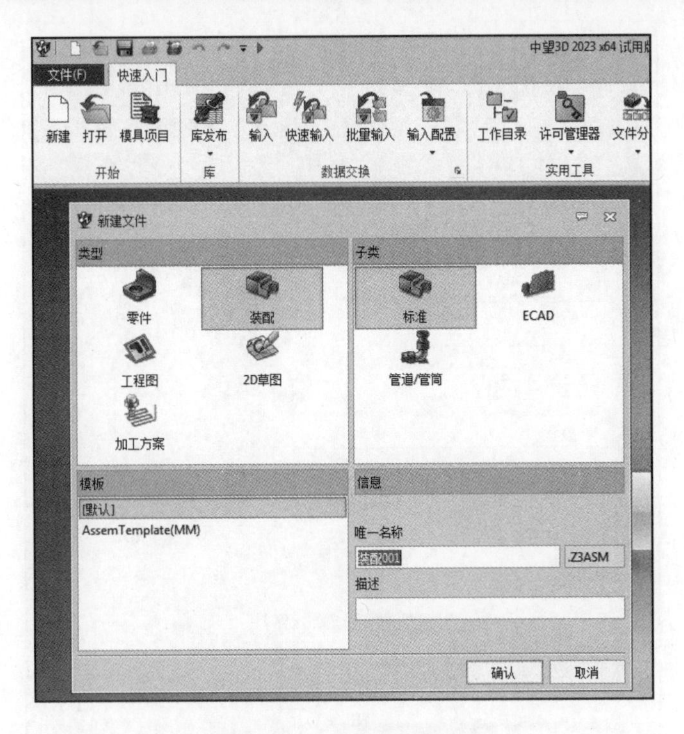

图 20-8　新建装配图

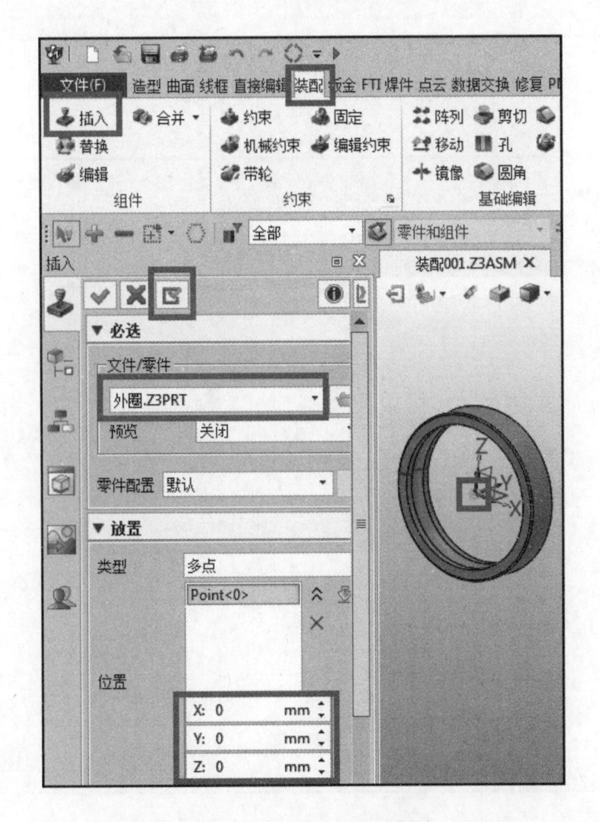

图 20-9　插入“外圈”

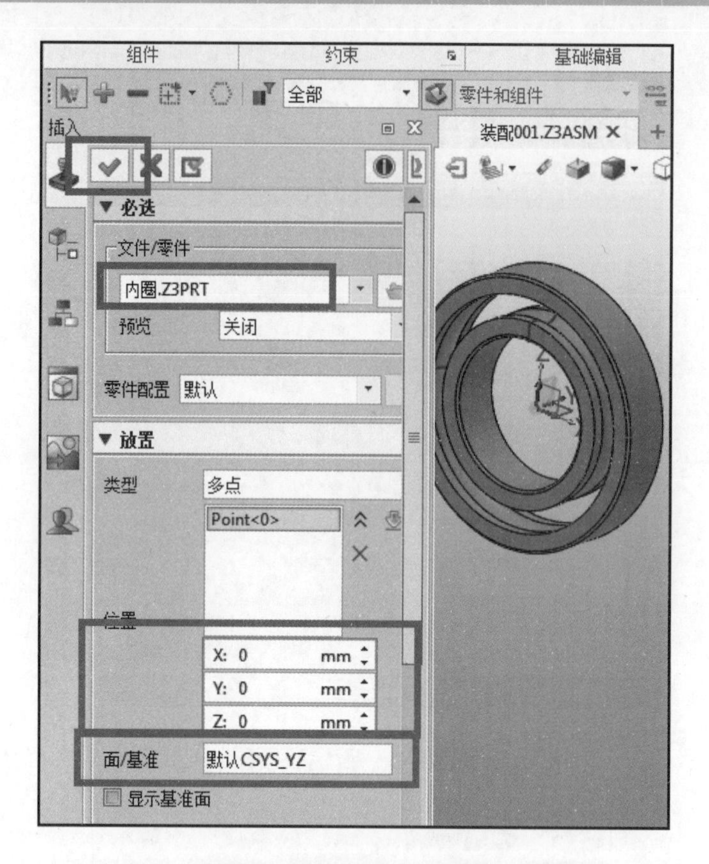

图 20-10　插入“内圈”

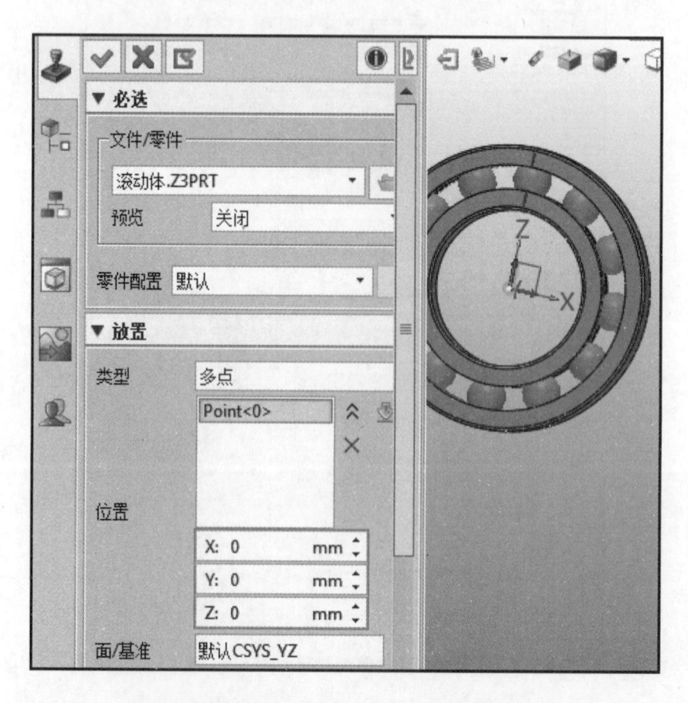

图 20-11　插入“滚动体”

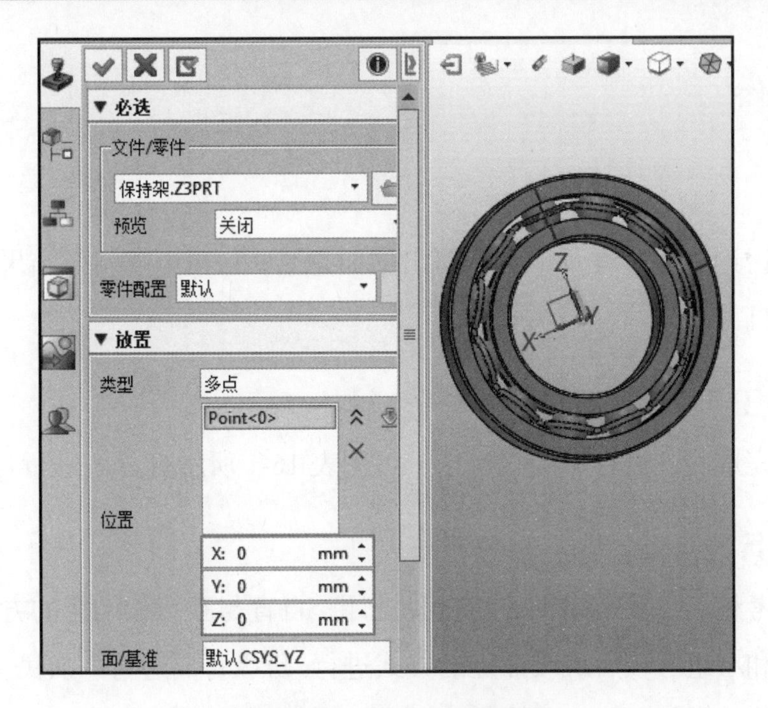

图 20-12　插入“保持架”

图 20-13　轴承

任务 20.4　总结及评价

分组讨论制作过程及体会，写出书面总结；互相检查制作结果，集体给每位同学打分。

1. 任务完成大调查

任务完成后，进行总结和讨论，可用表 16-1 所示打分表进行自我评价。

2. 行为考核

行为考核，主要采用批评与自我批评、自育与互育相结合的方法，通过自我考核和小组考核后班级评定的方式进行。班级每周进行一次民主生活会，就自己的行为进行评议，可用表 16-2 所示评分表进行评分。

3. 集体讨论题

常见的轴上零件固定方法有哪几种？

4. 思考与练习

（1）滑动轴承的摩擦状态有几种？各有什么特点？

（2）滑动轴承有哪几种主要形式？它们结构如何？各适用于什么场合？

项目 21 键 联 接

键联接主要用作轴上零件的周向固定并传递转矩，有的兼作轴上零件的轴向固定，或在零件沿轴向移动时起导向作用，如图 21-1 所示。

图 21-1 键联接

任务 21.1 认 识 键

键是指机械传动中的键，主要用作轴和轴上零件之间的周向固定以传递扭矩，有些键还可实现轴上零件的轴向固定或轴向移动，如减速器中齿轮与轴的连接。

21.1.1 键的种类

键分为平键、半圆键、楔向键、切向键和花键等。

平键的两侧是工作面，上表面与轮毂槽底之间留有间隙，其定心性能好，装拆方便，如图 21-2 所示。

半圆键也是以两侧为工作面，有良好的定心性能。半圆键可在轴槽中摆动以适应毂槽底面，但键槽对轴的削弱较大，只适用于轻载连接，如图 21-3 所示。

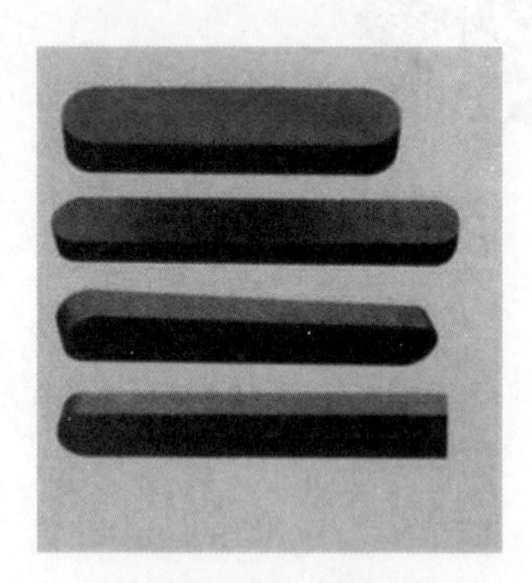

图 21-2 平键

图 21-3 半圆键

楔向键的上下面是工作面，键的上表面有 1 : 100 的斜度，轮毂键槽的底面也有 1 : 100 的斜度。楔向键打入轴和轮毂槽内时，其表面会产生很大的预紧力，工作时主要靠摩擦力传递扭矩，并能承受单方向的轴向力。楔向键的缺点是会迫使轴和轮毂产生偏心，仅适用于对定心精度要求不高、载荷平稳和低速的连接，如图 21-4 所示。

切向键是由一对楔向键组成，能传递很大的扭矩，常用于重型机械设备中，如图 21-5 所示。

图 21-4　楔向键

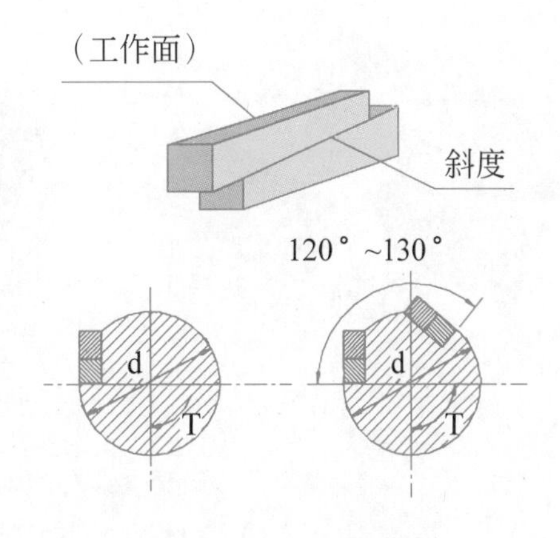

图 21-5　切向键

花键是由轴和轮毂孔周向均布多个键齿构成的，又称花键联接。花键联接为多齿工作，工作面为齿侧面，其承载能力高，对中性和导向性好，对轴和毂的强度削弱小，如图 21-6 所示。

图 21-6　花键

21.1.2　平键联接

平键联接的结构如图 21-7 所示，平键的下面与轴上键槽贴紧，上面与轮毂键槽顶面留有间隙，两侧面为工作面，依靠键与键槽之间的挤压力传递转矩。

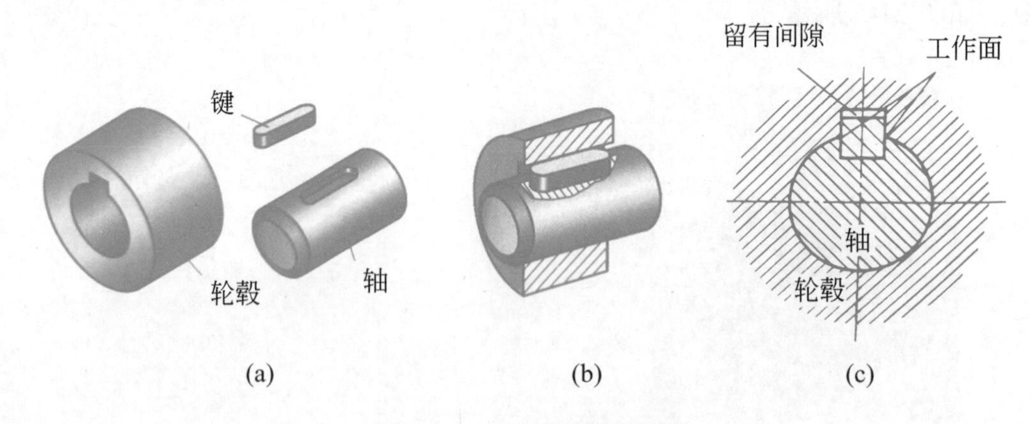

图 21-7　平键联接的结构

（a）立体图；（b）装配结构图；（c）视图

平键联接加工容易、装拆方便、对中性良好，用于传动精度要求较高的场合，普通平键联接如图 21-8 所示。

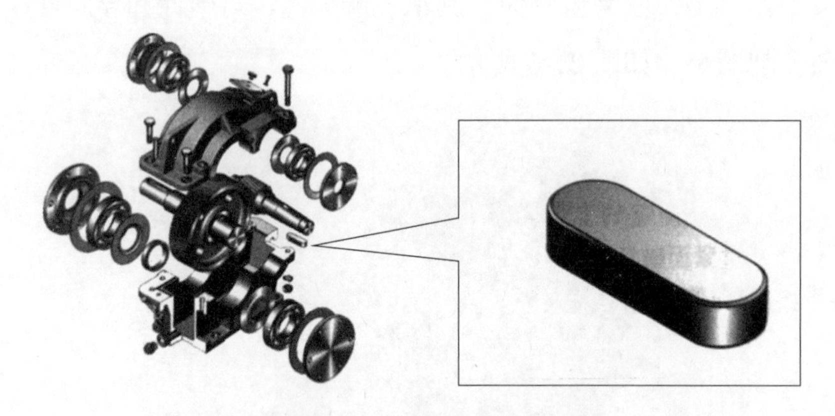

图 21-8　普通平键联接

普通平键的主要尺寸参数为键宽 b、键高 h 和键长 L，端部有圆头（A 型）、平头（B 型）和单圆头（C 型）三种形式，如图 21-9 所示，其中 A 型键的应用较多。

当轴上零件与轴构成移动副时，可采用键长 L 较大的导向平键联接，用两个螺钉将导向平键固定在轴上，如图 21-10 所示。

普通平键在安装与拆卸上，由于键的两侧面为工作面，承受转矩作用，因此两侧面应当为过渡配合，不得有间隙，否则将出现冲击振动和噪声，而

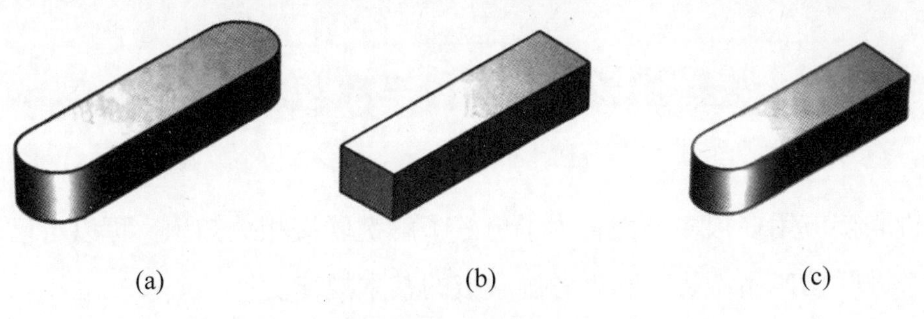

图 21-9　普通平键

（a）A 型;（b）B 型;（c）C 型

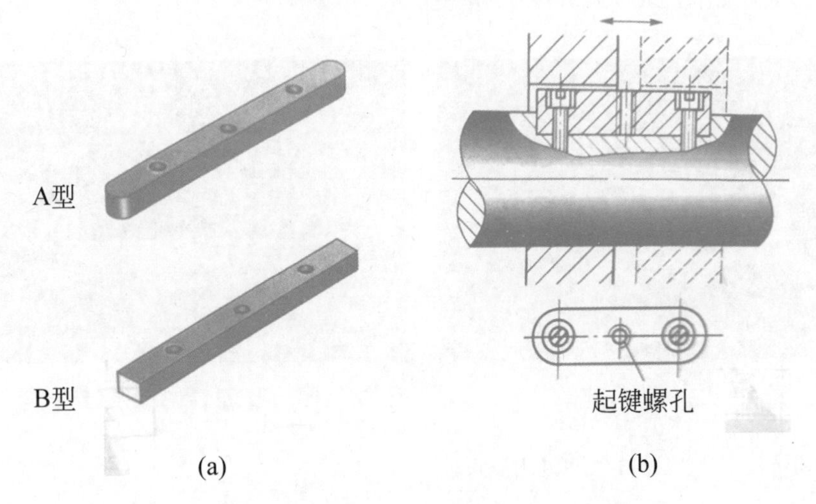

图 21-10　导向平键

（a）导向平键的类型;（b）导向平键联接

键的上部与轮毂之间必须留出间隙,防止过紧而破坏轴上零件。因此安装时,先按图样要求修配好键的尺寸，然后将键装入轴的槽中，再用手锤与铜棒或压力机将零件压入轴上；拆卸时，最好选用拆卸器等专用工具，如图 21-11 所示，以保护轴及零件不被打坏。

图 21-11　普通平键的安装与拆卸

任务 21.2　键联接产品积木拼装

键联接应用在很多方面，为了更好了解键联接相关知识，可以自己动手做一个键联接产品，研究和思考键联接的基本规律。

（1）准备材料，如图 21-12 所示。

（2）进行如图 21-13 所示的拼装。

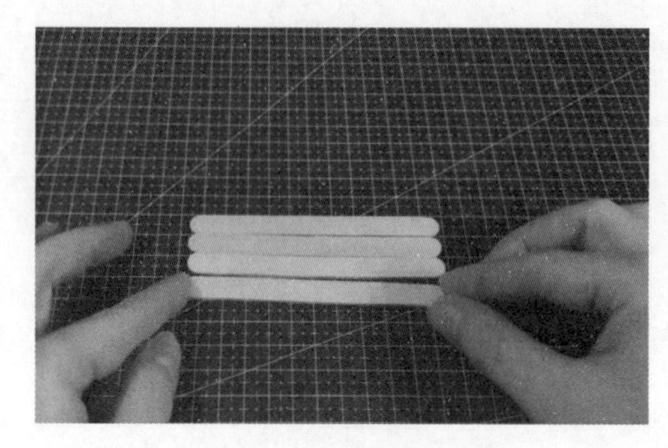

图 21-12　材料准备

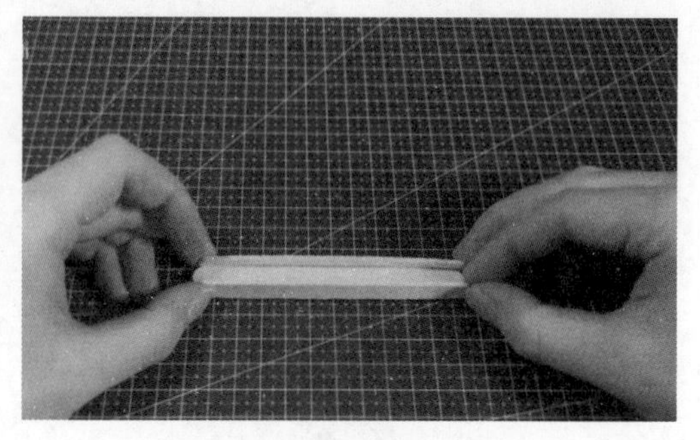

图 21-13　拼装 1

（3）进行如图 21-14 所示的拼装。

（4）进行如图 21-15 所示的拼装。

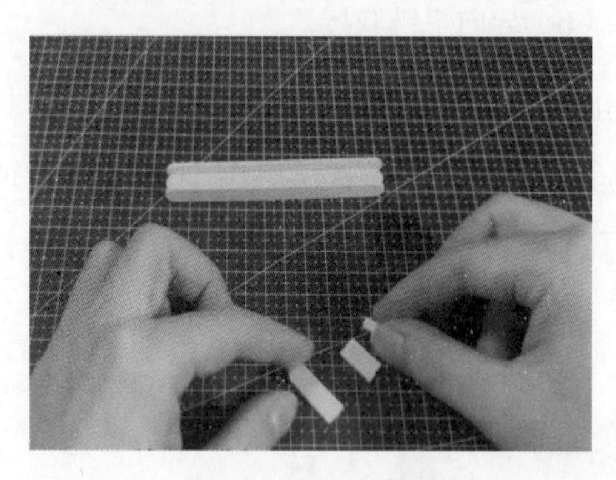

图 21-14　拼装 2

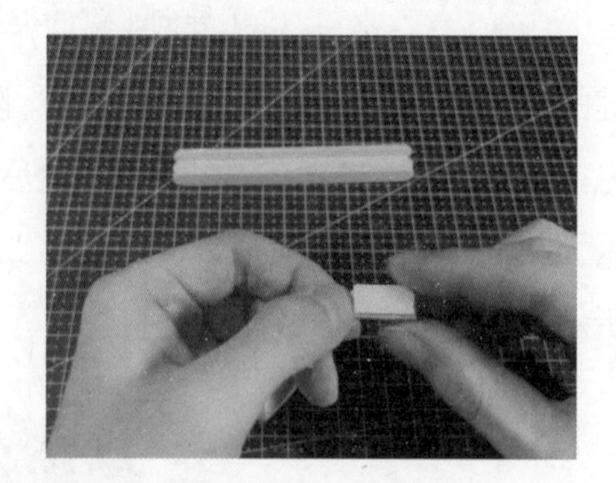

图 21-15　拼装 3

（5）进行如图 21-16 所示的连接。

（6）进行如图 21-17 所示的拼装。

（7）进行如图 21-18 所示的拼装。

（8）拼装 1 根皮筋，最终效果如图 21-19 所示。

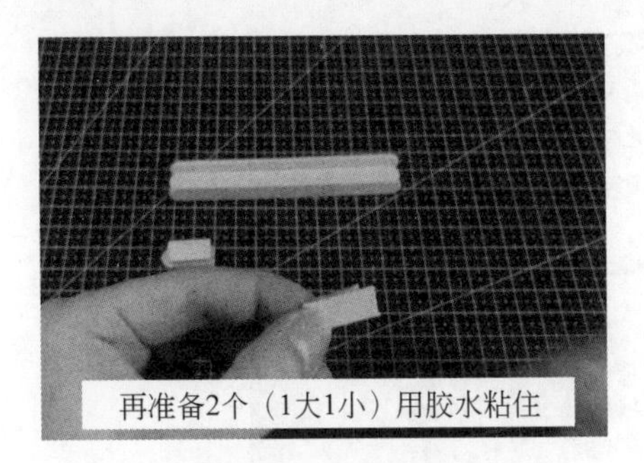

图 21-16 连接

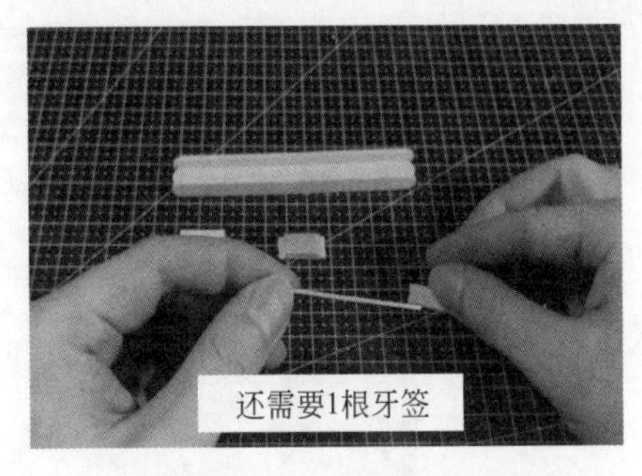

图 21-17 拼装 4

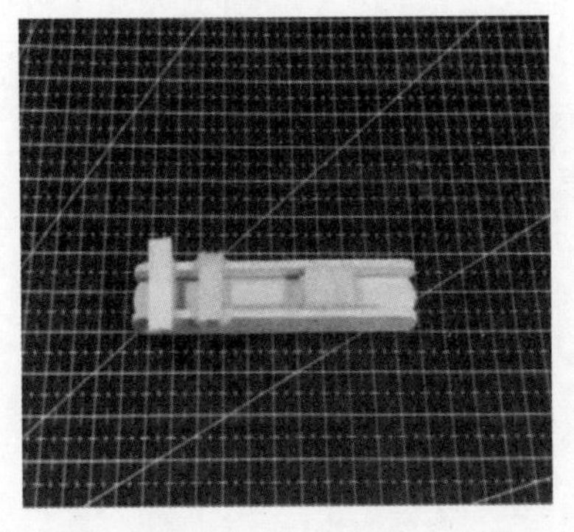

图 21-18 拼装 5

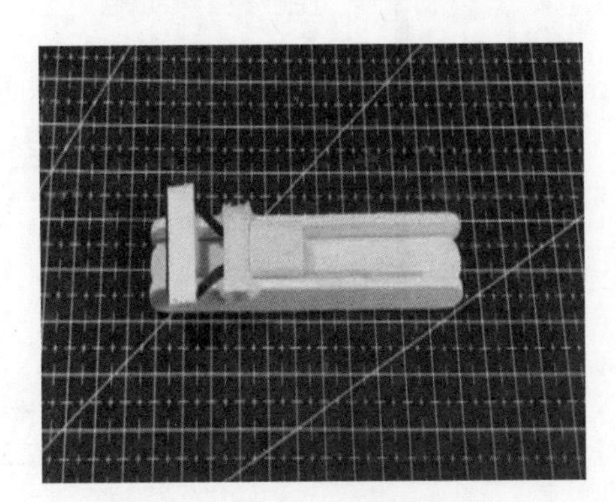

图 21-19 最终效果

任务 21.3 机械 CAD 设计平键

平键可以在中望机械 CAD 软件中进行组装、修改、设计，只要输入各种平键参数，一个符合要求的平键就可设计成功，也可出具设计图纸进行生产。下面具体介绍设计方法。

建立“普通型平键 GB_T1096-A”：宽度为 20mm，长度为 80mm。

打开中望 3D 软件，如图 21-20 所示新建一个零件图。

进入页面后，如图 21-21 所示，单击右下方“文件浏览器”按钮，随后在右侧工具栏中找到并单击“重用库”按钮，在弹出的“重用库”对话框中选择“ZW3D Standard Parts”→“GB”→“键”→“平键”文件夹，然后在下拉列表中双击“普通型平键 GB_T1096-A”文件。在弹出的“添加可重用零件”对话框中设置“宽度 b”为 20mm,“长度 L”为 80mm,最后单击“确认”按钮并放置零件。

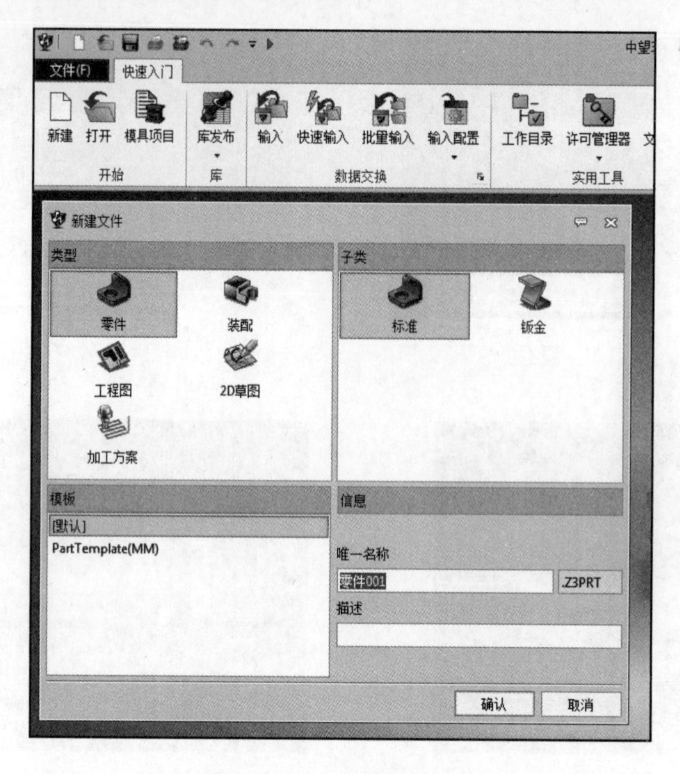

图 21-20　新建零件图

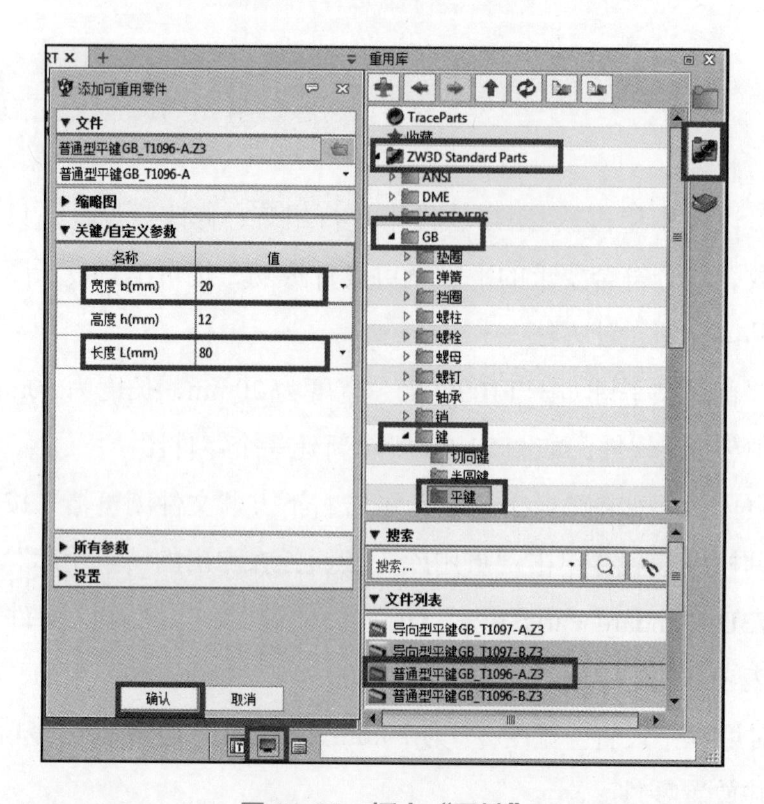

图 21-21　插入“平键”

这样平键就建立完成，如图 21-22 所示。

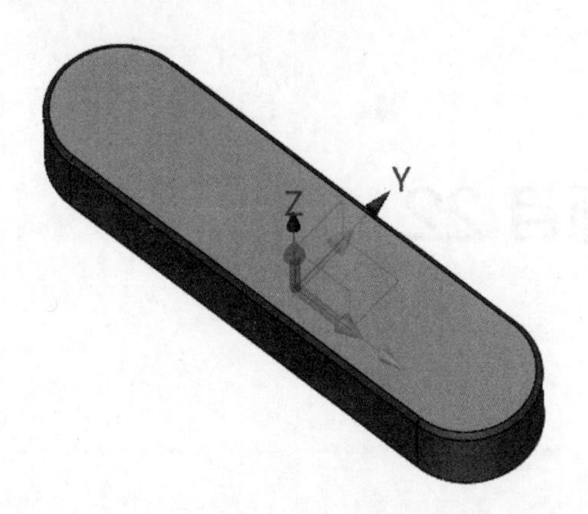

图 21-22　平键

任务 21.4　总结及评价

分组讨论制作过程及体会，写出书面总结，互相检查制作结果，集体给每位同学打分。

1. 任务完成大调查

任务完成后，进行总结和讨论，可用表 16-1 所示打分表进行自我评价。

2. 行为考核

行为考核，主要采用批评与自我批评、自育与互育相结合的方法；通过自我考核和小组考核后班级评定的方式进行。班级每周进行一次民主生活会，就自己的行为进行评议，可用表 16-2 所示评分表进行评分。

3. 集体讨论题

普通平键联接的优点是什么？

4. 思考与练习

（1）键的尺寸是根据什么确定的？

（2）键是用什么材料制成的？

项目 22　销　连　接

销连接是采用销轴类紧固件将被连接的构件连成一体的连接方式。销连接也称为销轴类连接。销轴类紧固件包括螺栓、销、六角头木螺钉、圆钉和螺纹钉。

任务 22.1　认　识　销

销是标准件，可用来作为定位零件，用以确定零件间的相互位置；也可起连接作用，以传递横向力或转矩；或作为安全装置中的过载切断零件，如图 22-1 所示。

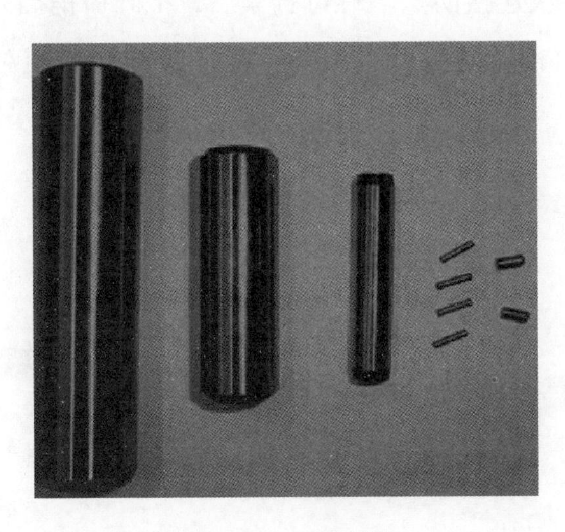

图 22-1　圆柱销

22.1.1　销的种类

销的种类有圆锥销、内螺纹圆锥销、圆柱销、内螺纹圆柱销、开尾圆锥销、螺纹圆柱销、弹性圆柱销直槽轻型、带孔销、螺尾锥销、开口销等。

销的基本形式是圆柱销和圆锥销。圆柱销利用微量过盈固定在销孔中，多次装拆会降低定位精度。圆锥销有 1 : 50 的锥度，可以自锁，靠锥面挤压作用固定在销孔中，定位精度高，安装也方便，可多次装拆。

销连接一般用来传递不大的载荷，作为安全装置或定位装置。销按形状分为圆柱销、圆锥销和开口销三类。

1. 圆柱销

普通圆柱销是利用微量的过盈，固定在光孔中，多次装拆将有损于连接的紧固和定位精度，如图 22-2 所示。

2. 圆锥销

圆锥销具有 1∶50 的锥度，小端直径是标准值，定位精度高，自锁性好，用于经常装拆的连接。

3. 开口销

开口销用于螺纹连接防松。螺母拧紧后，把开口销插入螺母槽与螺栓尾部孔内，并将开口销尾部扳开，可防止螺母与螺栓的相对转动，如图 22-3 所示。

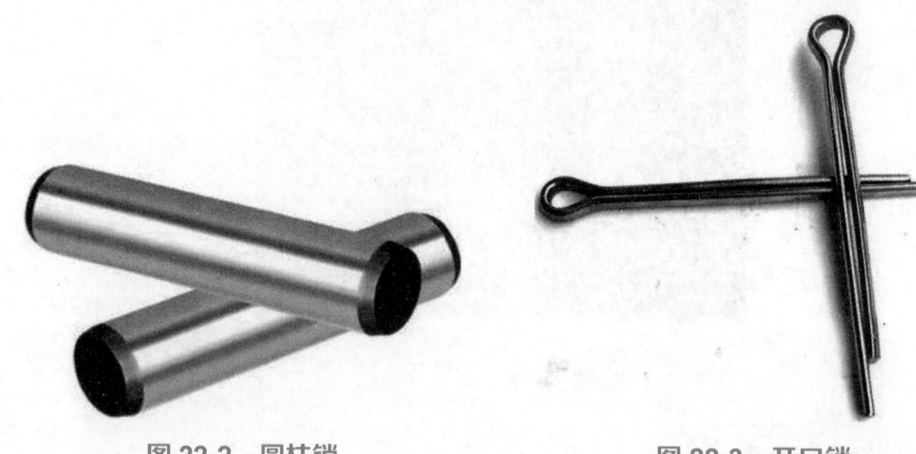

图 22-2　圆柱销　　图 22-3　开口销

22.1.2　销连接的应用

汽车上许多部位采用销连接，如发动机连接活塞与连杆小头的活塞销，汽车转向节主销，汽车车轮轮毂处开口销，变速器盖定位销等。此外，履带式拖拉机的履带，自行车中轴与曲柄的连接，门与门框之间的连接等也都采用了销连接。

销连接主要用于定位（也就是固定零件之间的相对位置），是装配、组合加工时的辅助零件，也可以用于轴与毂的连接和作为安全装置中过载保护（过载剪断）零件。销连接常用于机械加工中夹具的定位、自行车脚蹬与中轴的连接、箱体装配时的定位等。销连接的类型、特点和应用如表 22-1 所示。

表 22-1　销连接的类型、特点和应用

<table>
<tr><th colspan="2">类型</th><th>图　形</th><th>标准</th><th colspan="2">特　点</th><th>应　用</th></tr>
<tr><td rowspan="5">圆柱销</td><td>普通圆柱销</td><td></td><td>GB/T 119.1~119.2—2000</td><td rowspan="3">销孔需要铰制，多次装卸后会降低定位的精度和连接的紧固性。只能传递不大的载荷</td><td>直径公差带有 m6（A 型）、h8（B 型）、h11（C 型）和 u8（D 型）四种，以满足不同的配合要求</td><td>主要用于定位，也可用于连接</td></tr>
<tr><td>内螺纹圆柱销</td><td></td><td>GB/T 120.1~120.2—2000</td><td>直径公差带只有 m6 一种，内螺纹供拆卸时使用。有 A 型和 B 型两种内螺纹圆柱销</td><td>B 型有通气平面，用于不通孔</td></tr>
<tr><td>螺纹圆柱销</td><td></td><td>GB/T 878—1986</td><td>直径公差较大，定位精度低</td><td>用于精度要求不高的场合</td></tr>
<tr><td>带孔销</td><td></td><td>GB/T 880—1986</td><td colspan="2">用开口销锁定，拆卸方便</td><td>用于铰接处</td></tr>
<tr><td>弹性圆柱销</td><td></td><td>GB/T 879.1~879.5—2000</td><td colspan="2">具有弹性，装入销孔后与孔壁压紧，不易松脱。销孔精度要求较低，互换性好，可多次装拆，但刚性较差，不适合于高精度定位。载荷大时可用几个套在一起使用，相邻内外两销的缺口应错开 180°</td><td>用于有冲击、振动的场合，可代替部分圆柱销、圆锥销、开口销或销轴</td></tr>
</table>

续表

<table>
<tr><th colspan="2">类型</th><th>图　形</th><th>标准</th><th colspan="2">特　点</th><th>应　用</th></tr>
<tr><td rowspan="4">圆锥销</td><td>普通圆锥销</td><td>1:50</td><td>GB/T 117—2000</td><td colspan="2">有 1 ： 50 的锥度，便于安装。定位精度比圆柱销高，在受横向力时能够自锁，销孔需铰制</td><td>主要用于定位，也可用于固定零件、传递动力，多用于经常装拆的场合</td></tr>
<tr><td>内螺纹圆锥销</td><td>1:50</td><td>GB/T 118—2000</td><td colspan="2" rowspan="3">螺纹供拆卸用。螺尾圆锥销制造困难，开尾圆锥销打入销孔后，末端可以稍微涨开，以防止松脱</td><td>用于不通孔</td></tr>
<tr><td>螺尾圆锥销</td><td>1:50</td><td>GB/T 881—2000</td><td>用于拆卸困难的场合</td></tr>
<tr><td>开尾圆锥销</td><td>1:50</td><td>GB/T 877—1986</td><td>用于有冲击、振动的场合</td></tr>
<tr><td>槽销</td><td>直槽销</td><td></td><td>GB/T 13829.1—1992（＝ISO 8739）（＝ISO 8740）</td><td>沿销体母线碾压或模锻三条（相隔 120°）槽，打入销孔并与孔壁压紧，不易松脱，能承受振动和循环载荷。销孔不需铰光，可多次装拆</td><td>全长具有平行槽，端部有导杆和倒角两种，销与孔壁间压力分布较均匀</td><td>用于有严重振动和冲击载荷的场合</td></tr>
</table>

续表

<table>
<tr><th colspan="2">类型</th><th>图形</th><th>标准</th><th colspan="2">特点</th><th>应用</th></tr>
<tr><td rowspan="4">槽销</td><td>中心槽销</td><td>1:50</td><td>GB/T 13829.1—1992（= ISO 8743）（= ISO 8742）</td><td rowspan="4">沿销体母线碾压或模锻三条（相隔120°）槽，打入销孔并与孔壁压紧，不易松脱，能承受振动和循环载荷。销孔不需铰光，可多次装拆</td><td>销的中部有短槽，槽长有1/2全长和1/3全长两种</td><td>用作心轴，将带毂的零件固定在短槽处</td></tr>
<tr><td>锥槽销</td><td></td><td>GB/T 13829.2—1992（= ISO 8744）（= ISO 8745）</td><td>沟槽呈楔形，有全长和半长两种，作用与圆锥销相似，销与孔壁间压力分布不均匀</td><td>与圆锥销相同</td></tr>
<tr><td>半长倒锥槽销</td><td></td><td>GB/T 13829.2—1992（= ISO 8741）</td><td>一半为圆柱销，一半为圆锥销</td><td>用作轴杆</td></tr>
<tr><td>有头槽销</td><td></td><td>GB/T 13829.3—1992（= ISO 8746）（= ISO 8747）</td><td>有圆头和沉头两种</td><td>可代替螺钉、抽芯铆钉，用以紧固标牌、管夹子等</td></tr>
<tr><td rowspan="3">其他销</td><td>销轴</td><td></td><td>GB/T 882—1986</td><td colspan="2">用开口销锁定，拆卸方便</td><td>用于铰接处</td></tr>
<tr><td rowspan="2">开口销</td><td></td><td>GB/T 91—2000</td><td colspan="2" rowspan="2">工作可靠，拆卸方便</td><td>用于锁定其他紧固件，与槽形螺母合用</td></tr>
<tr><td></td><td></td><td>用于尺寸较大处</td></tr>
</table>

续表

类型		图　形	标准	特　点	应　用
其他销	快卸销		HB 704—1983	既能定位并承受一定的横向力，还能快速拆卸，有快卸止动销，快卸弹簧销等多种形式	需要快速拆卸的销连接
			HB 706—1983		
	安全销			结构简单，形式多样，必要时可在销上切出圆槽。为防止断销时损坏孔壁，可在孔内加销套	用于传动装置和机器的过载保护，如作为安全联轴器等的过载剪断元件

任务 22.2　销连接的趣味玩具制作

销连接应用在很多方面，为了更好了解销连接相关知识，可以自己动手做一个销连接趣味玩具，研究和思考销连接的基本规律。

（1）准备材料，如图 22-4 所示。

（2）把两个销安装起来，如图 22-5 所示。

图 22-4　准备材料

图 22-5　安装销

（3）将两个齿轮安装到两个销上，如图 22-6 所示。

图 22-6　安装齿轮

（4）将手柄安装好，一个用销连接的齿轮小玩具就做好了，如图 22-7 所示。

图 22-7　最终效果

任务 22.3　机械 CAD 设计圆锥销

圆锥销可以在中望机械 CAD 软件中进行组装、修改、设计，只要输入各种圆锥销参数，一个符合要求的圆锥销就可设计成功，也可出具设计图纸进行生产。下面具体介绍设计方法。

新建“圆锥销 GB_T117”：公称直径为 20mm，公称长度为 80mm。

打开中望 3D 软件，新建一个零件图。

进入页面后，如图 22-8 所示，单击右下方“文件浏览器”按钮，随后在右侧工具栏中找到并单击“重用库”按钮，在弹出的“重用库”对话框中选择“ZW3D Standard Parts”→“GB”→“销”→“圆锥销”文件夹，然后在“文件列表”的下拉列表中双击“圆锥销 GB_T117”文件，在弹出的“添加可重用零件”对话框中设置公称直径为 20mm，公称长度为 80mm，最后单击“确认”按钮并放置零件。

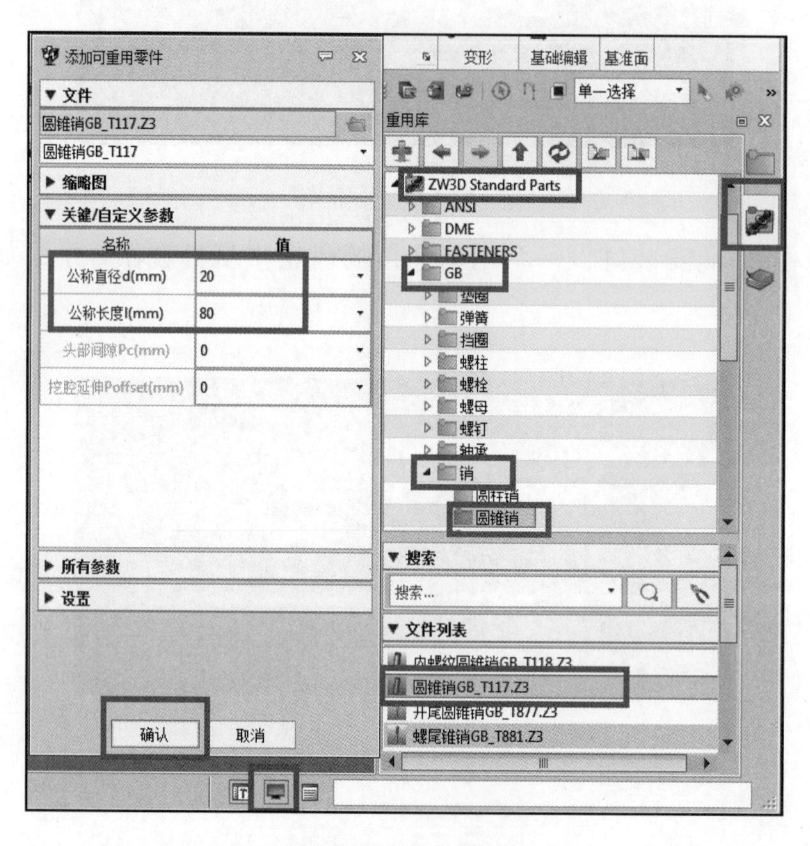

图 22-8　插入圆锥销

这样圆锥销就建立完成了，如图 22-9 所示。

图 22-9　圆锥销

任务 22.4　总结及评价

分组讨论制作过程及体会，写出书面总结；互相检查制作结果，集体给每位同学打分。

1. 任务完成大调查

任务完成后，进行总结和讨论，可用表 16-1 所示打分表进行自我评价。

2. 行为考核

行为考核，主要采用批评与自我批评、自育与互育相结合的方法，通过自我考核和小组考核后班级评定的方式进行。班级每周进行一次民主生活会，就自己的行为进行评议，可用表 16-2 所示评分表进行评分。

3. 集体讨论题

生活中常见的销连接应用有哪些？

4. 思考与练习

（1）销是用什么材料制成的？

（2）销连接用于什么场合？

项目 23 联　轴　器

联轴器用于连接两轴，使两轴共同回转以传递运动和转矩，如图 23-1 所示。联轴器连接的两轴只能在机器停车时用拆卸的方法使它们分离。

图 23-1　联轴器

任务 23.1　认识联轴器

联轴器是机械产品中一种常用的部件，用来连接两轴或轴和回转件，使其在传递运动和动力过程中一起回转而不脱开，同时不改变转动方向和扭矩大小。有些联轴器还有补偿两轴相对位移和缓冲减振等功能，可兼作防止传动轴系过载的安全装置。联轴器一般在出厂前会做转动平衡校正，不过偶尔会在使用中会出现大幅的平衡偏差。

23.1.1　联轴器的作用

联轴器用于连接不同机构中的轴，主要是通过旋转传递扭矩。在高速动力作用下，联轴器具有缓冲和减振作用，以及良好的使用寿命和工作效率。

联轴器的作用是连接两根轴或带有转动部件的轴，在传递运动和动力的过程中一起转动，在正常情况下不脱离。有时，联轴器也用作安全装置，防止被连接部件承受过大的载荷，起到过载保护的作用。

联轴器安装在动力传动的主动侧和被动侧之间，起到传递转矩、补偿轴间安装偏差、吸收设备振动和缓冲负荷冲击的作用。联轴器的功能之一是通过自身的变形吸收和补偿轴之间的偏差，弹性越大，其吸收偏差的能力越强；弹性越小，吸收偏差的能力就越弱。

根据结构特点和工作原理的不同，联轴器可以分为刚性联轴器和挠性联轴器两大类。

1. 刚性联轴器

常用类型有套筒式、夹壳式和凸缘式等。本章主要介绍套筒联轴器和凸缘联轴器。

（1）套筒联轴器。

套筒联轴器结构简单、径向尺寸小、同心度要求高，依靠键连接传递转矩较大，而销连接的传递转矩较小。在机床上应用较多，如车床进给箱输出轴与丝杠、光杠的连接，如图 23-2 所示。

销连接的销孔需将套与轴固定后配钻并铰孔，销与孔为过渡配合一般选用圆柱销。销连接的端面不得露出套筒外。拆卸时需选直径小于销子外径的平头样冲用力冲出。

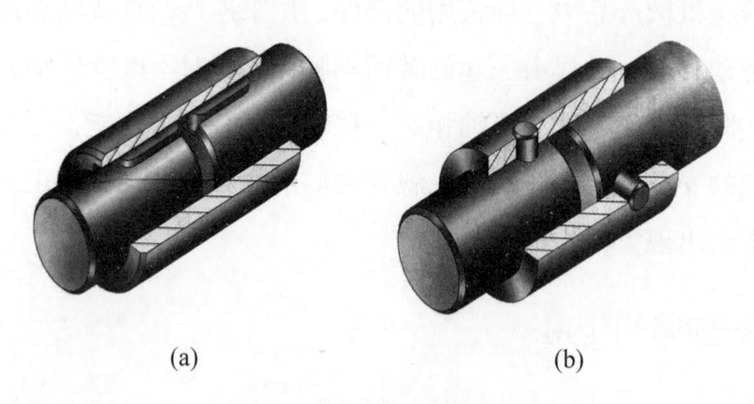

(a) (b)

图 23-2 套筒联轴器

（a）链连接；（b）销连接

（2）凸缘联轴器。

凸缘联轴器的特点为：构造简单、成本低、可传递较大转矩，但不能补偿两轴间的相对位移，对两轴对中性的要求很高。适用于转速低、无冲击、轴的刚性大、对中性较好时的场合。如图 23-3 所示为电动机与减速器的连接。

图 23-3 电动机与减速器的连接

装配时，对准半联轴器端面上的凸、凹槽后，拧紧连接螺栓。拧紧时应使每个螺栓受力均匀，避免因受力不均造成中心线偏斜而影响转动。

2. 挠性联轴器

挠性联轴器分为无弹性元件的挠性联轴器和有弹性元件的挠性联轴器。

（1）无弹性元件的挠性联轴器。

无弹性元件的挠性联轴器，不仅能传递运动和转矩，而且具有不同程度的轴向、径向、角向补偿性能。包括齿式联轴器、万向联轴器、链条联轴器、滑块联轴器等。

① 十字滑块联轴器。

十字滑块联轴器结构简单，径向尺寸小，转动时滑块有较大的离心力，如图 23-4 所示。适用于低速、转距不大、无冲击但两轴径向位移偏差较大的场合。

装配时，先将两半联轴器与轴固定后再放入滑块，最后确定两轴的位置。安装后用手拨动传动轴，两轴应运转自如，没有转动不匀的现象。在滑块滑动表面注入润滑剂，减少摩擦表面的磨损。

② 齿轮联轴器。

齿轮联轴器靠内、外齿轮的啮合来传递较大的转矩，两个带内齿的凸缘螺栓紧固，如图 23-5 所示。外齿轮的齿面有一定弧度，允许外齿轮与轴产生一定的偏角误差，即轴线存在一定的偏角也能正常传动，适用于高速、重载、起动频繁和经常正反转的场合，如轧钢机的传动轴连接。

图 23-4　十字滑块联轴器

图 23-5　齿轮联轴器

③ 万向联轴器。

万向联轴器两轴的角偏移可达 45°，主动轴作等角速转动时，从动轴作变角速转动，如图 23-6 所示。两套单万向联轴器成对使用，可使主、从动轴角速度相同。如载重汽车的底盘通过中间轴上的两套万向联轴器将内燃机的转距匀速传给后驱动轮。

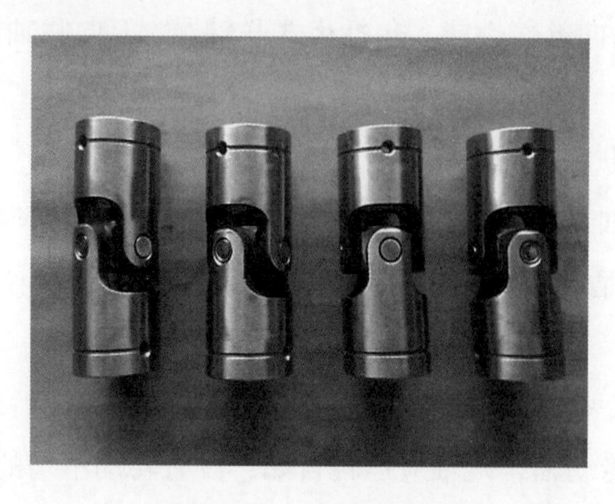

图 23-6　万向联轴器

（2）有弹性元件的挠性联轴器。

有弹性元件的挠性联轴器能传递运动和转矩，具有不同程度的轴向、径向、角向补偿性能；还具有不同程度的减振、缓冲作用，改善传动系统的工作性能。包括各种非金属弹性元件挠性联轴器和金属弹性元件挠性联轴器，各种弹性联轴器的结构不同，差异较大，在传动系统中的作用亦不尽相同。

① 弹性圈柱销联轴器。

结构与凸缘联轴器相似，只是用套有弹性圈 1 的柱销 2 代替了联接螺栓，如图 23-7 所示。

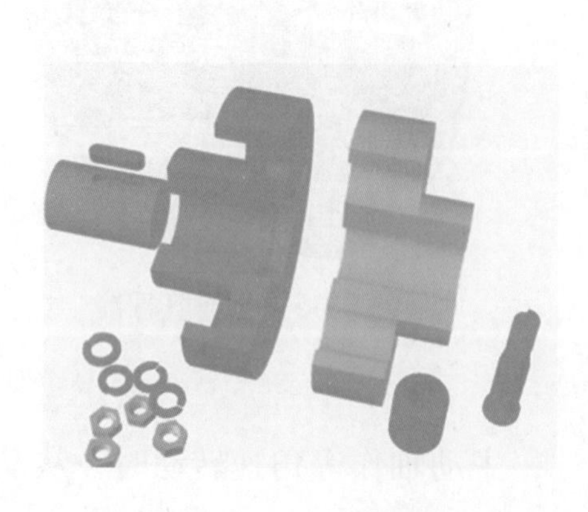

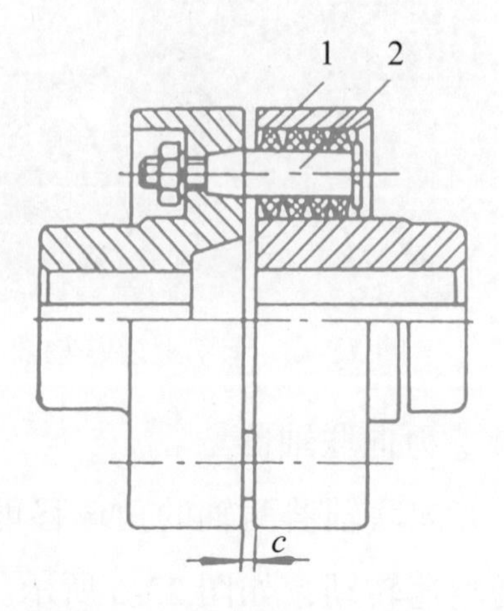

图 23-7　弹性圈柱销联轴器（1—弹性圈；2—柱销）

它的特点是结构简单，制造容易，不用润滑，弹性圈更换方便，具有一定的补偿两轴线相对偏移和减振、缓冲性能。适用于经常正反转，起动频繁，转速较高的场合。

② 尼龙柱销联轴器。

尼龙柱销联轴器可以看成弹性圈柱销联轴器简化而成。即采用尼龙柱销 1 代替弹性圈和金属柱销。为了防止柱销滑出，在柱销两端配置挡圈 2，如图 23-8 所示。

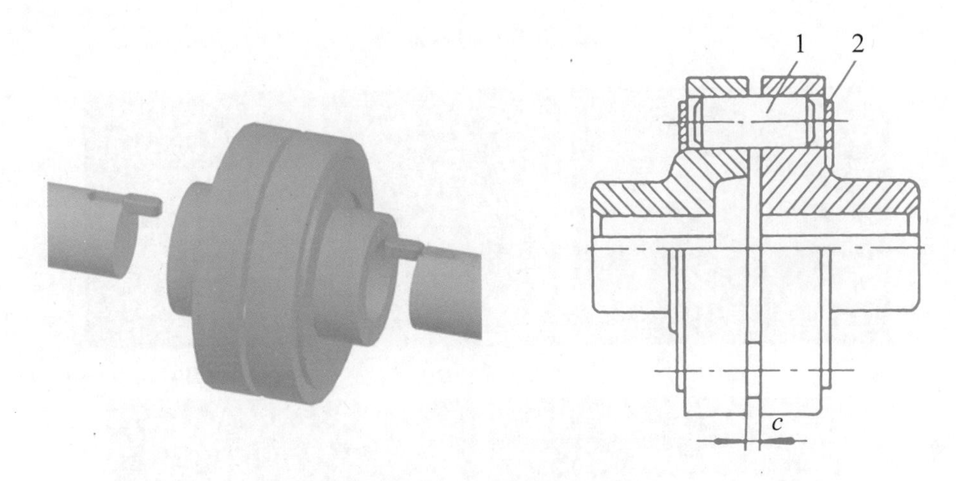

图 23-8 尼龙柱销联轴器

它的特点是结构简单，安装、制造方便，耐久性好，也有吸振和补偿轴向位移的能力。常用于轴向窜动量较大，经常正反转，起动频繁，转速较高的场合，可代替弹性圈柱销联轴器。

任务 23.2 联轴器趣味玩具制作

联轴器应用在很多方面，为了更好了解联轴器相关知识，可以自己动手做一个联轴器趣味玩具，研究和思考联轴器的基本规律。

（1）准备材料，如图 23-9 所示。

（2）按如图 23-10 所示的顺序进行拼装（a-b-d）。

（3）将如图 23-10（c）和图 23-10（e）所示部件组装在一起即可完成拼

装，如图 23-11 所示。

图 23-9　材料准备

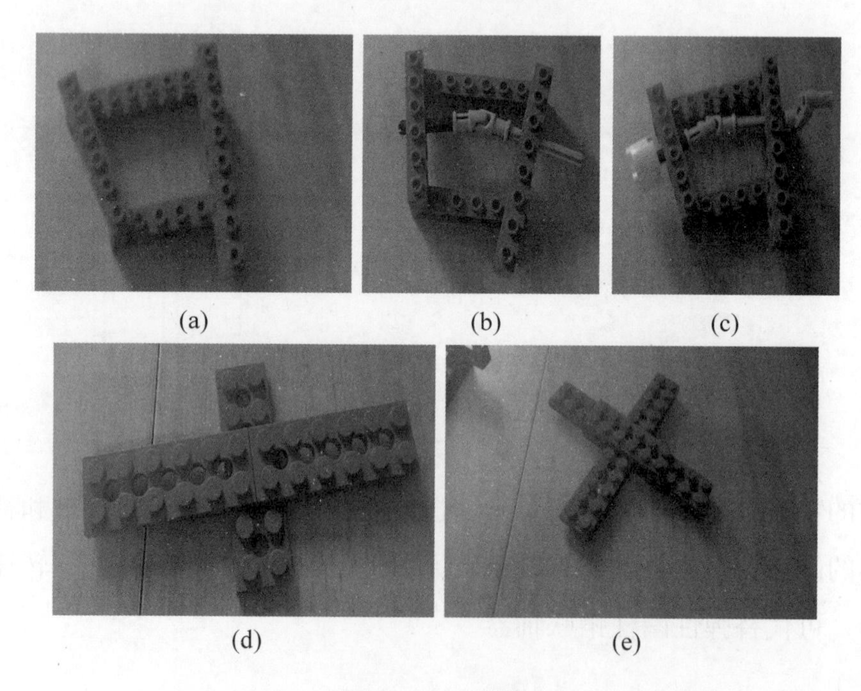

(a)　(b)　(c)

(d)　(e)

图 23-10　拼装

图 23-11　最终效果图

任务 23.3　机械 CAD 绘制联轴器组装图

联轴器可以在中望机械 CAD 软件中进行组装、修改、设计，只要输入各种联轴器参数，一个符合要求的联轴器就可设计成功，也可出具设计图纸进行生产。下面具体介绍设计方法。

首先打开中望 3D 软件，进入页面后，单击“打开”按钮，弹出“打开”对话框后选择“组合联轴器半成品”文件，单击“打开”按钮，如图 23-12 所示。

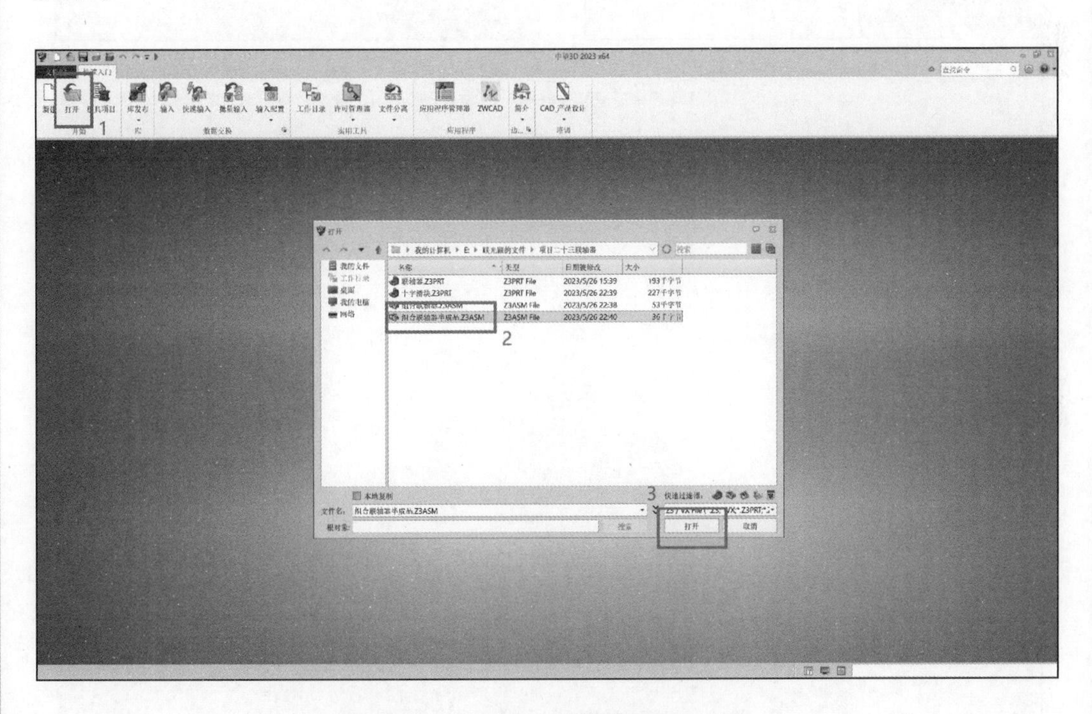

图 23-12　打开组合联轴器半成品

单击“插入”对话框中的“确认”按钮，弹出“编辑约束”对话框，单击“确认”按钮，如图 23-13 所示。

单击“装配”栏中的“约束”按钮，在“必选”下拉列表中设置“实体 1”和“实体 2”，如图 23-14 所示。

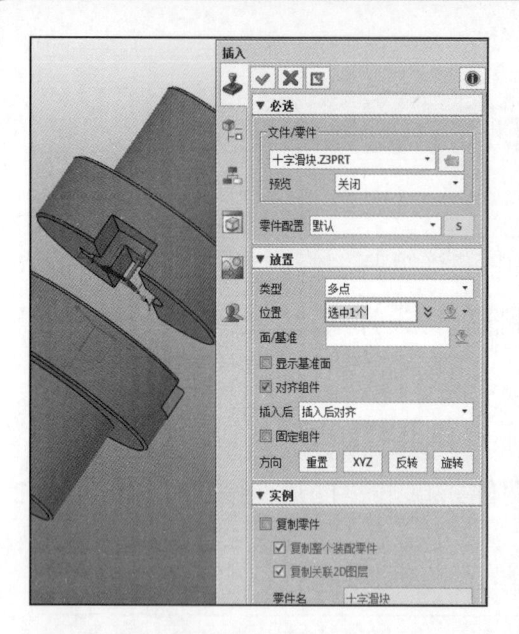

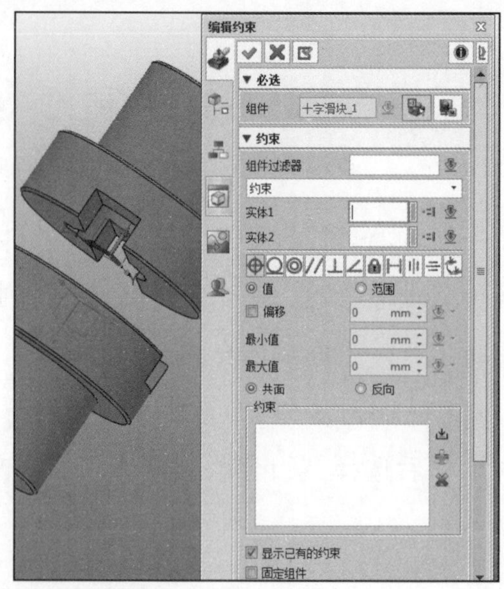

图 23-13　插入十字滑块

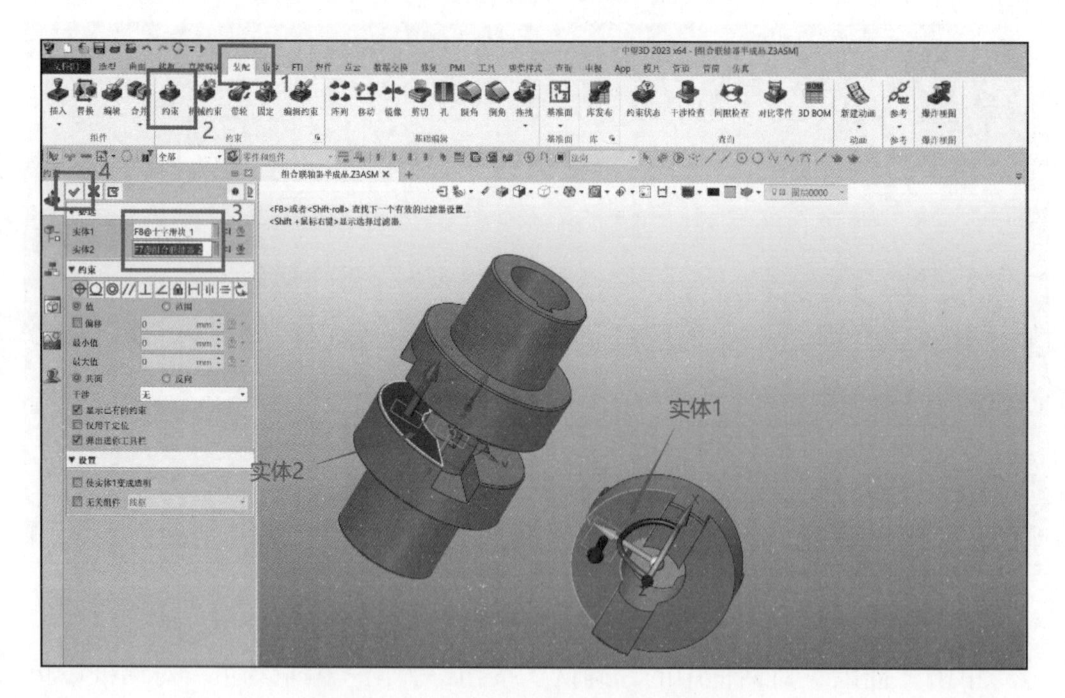

图 23-14　设置“实体 1”和“实体 2”

在“约束”下拉列表中单击“重合”，再单击“确认”按钮，如图 23-15 所示。

按照相同操作，设置“实体 1”和“实体 2”（选择实体时要移动视角找到合适位置），设置好实体之后，再次进行重合约束，如图 23-16 所示。

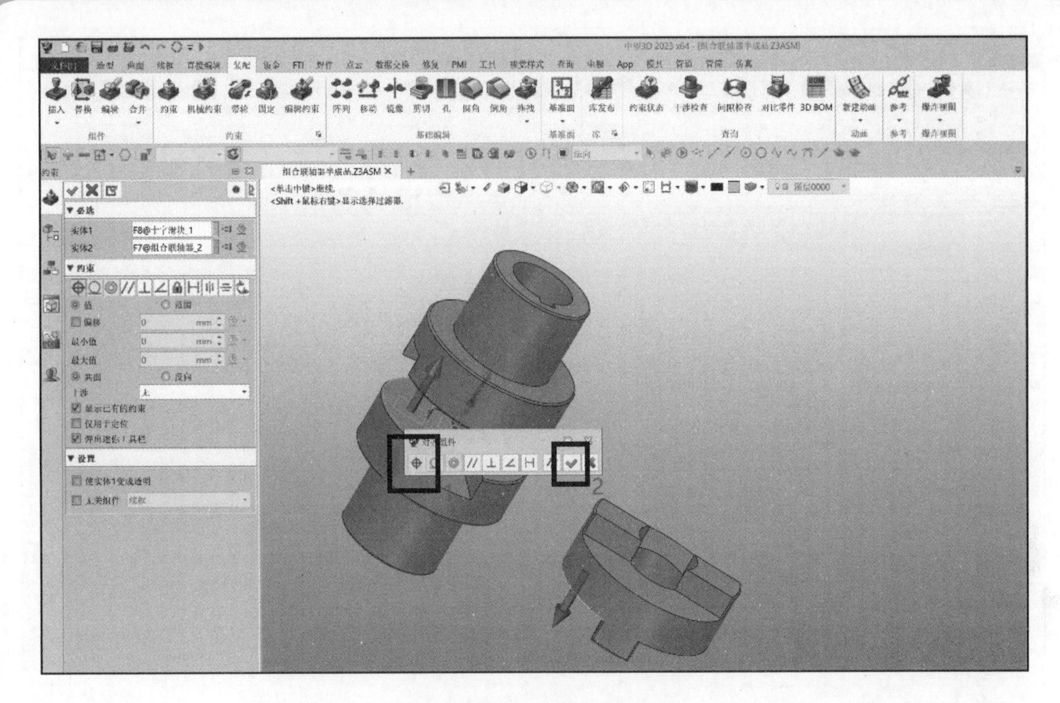

图 23-15　“重合”约束

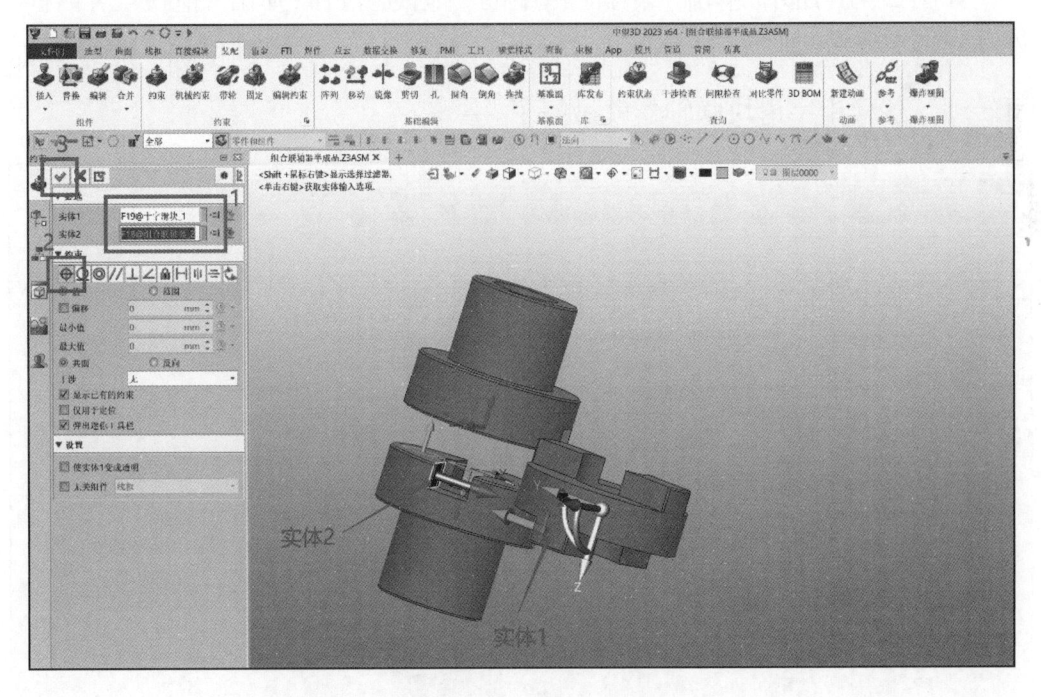

图 23-16 “重合”约束

如图 23-17 所示再次设置“实体 1”和“实体 2”(也需转动视角)，并进行重合约束。

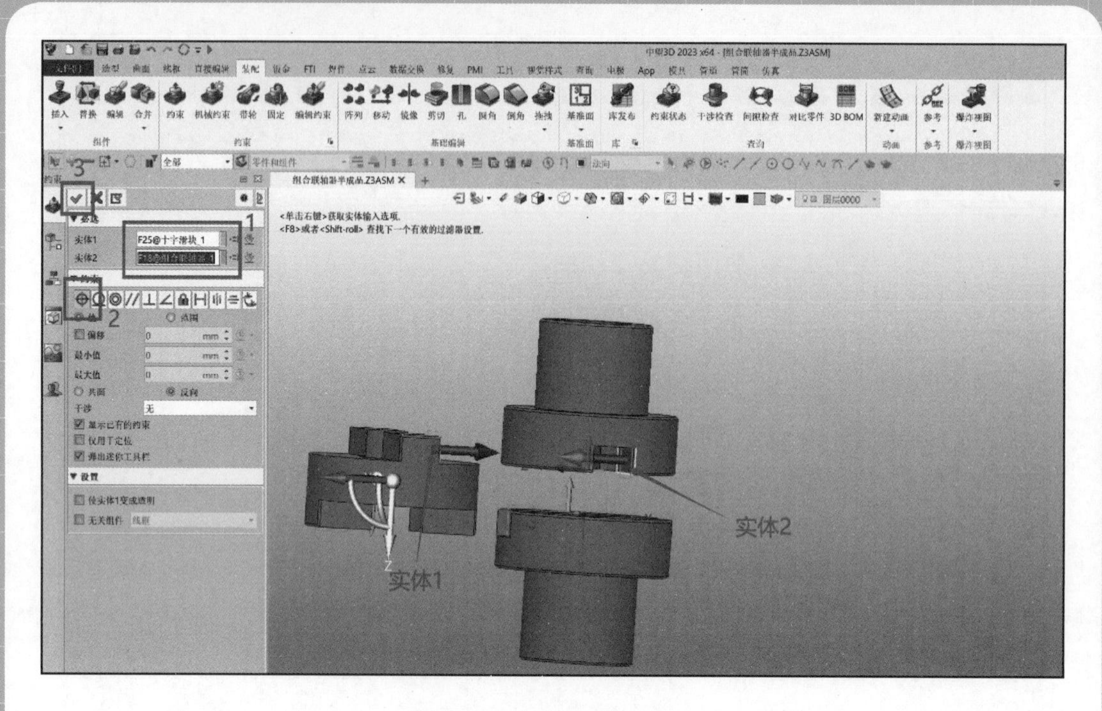

图 23-17 “重合”约束

如图 23-18 所示，单击“装配”栏中的“拖拽”按钮，弹出“拖拽”对话框，在“必选”下拉列表中设置组件（随机选择一个点），滑动鼠标，联轴器即可转动。这样十字滑块联轴器就做好了。

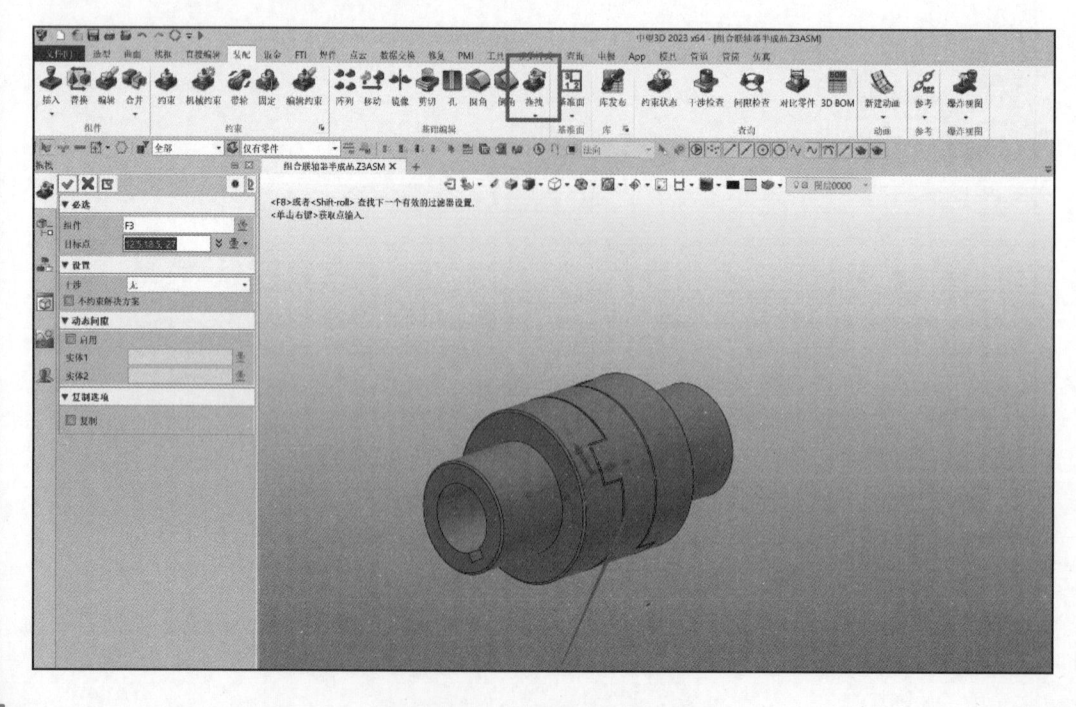

图 23-18 十字滑块联轴器

任务 23.4　总结及评价

分组讨论制作过程及体会，写出书面总结；互相检查制作结果，集体给每位同学打分。

1. 任务完成大调查

任务完成后，进行总结和讨论，可用表 16-1 所示打分表进行自我评价。

2. 行为考核

行为考核，主要采用批评与自我批评、自育与互育相结合的方法，通过自我考核和小组考核后班级评定的方式进行。班级每周进行一次民主生活会，就自己的行为进行评议，可用表 16-2 所示评分表进行评分。

3. 集体讨论题

联轴器和离合器有哪些区别？各有哪些类型？

4. 思考与练习

（1）固定式联轴器适用于哪些场合？

（2）凸缘联轴器有哪两种对中方式？试比较优缺点。

项目 24 曲 轴

曲轴是发动机中最重要的部件，它承受连杆传来的力，并将力转变为转矩通过曲轴输出来驱动发动机上其他附件工作，如图 24-1 所示。

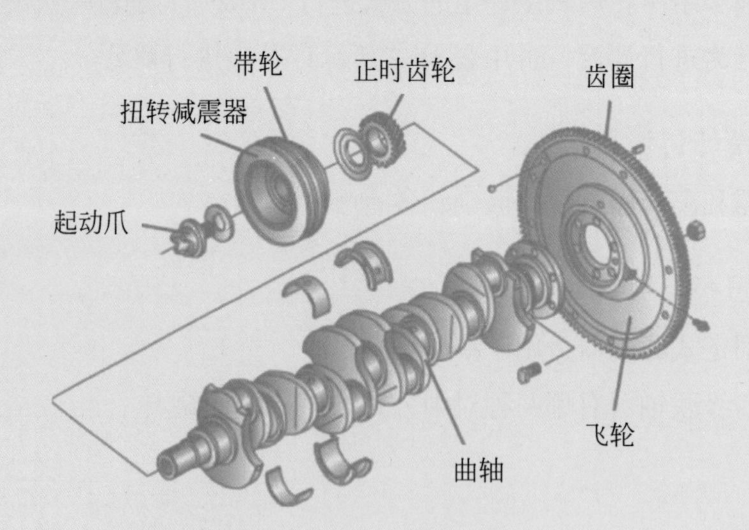

图 24-1 发动机的曲轴

任务 24.1　认 识 曲 轴

曲轴是发动机的主要旋转机构，它负责将活塞的上下往复运动转变为自身的圆周运动，且通常所说的发动机转速就是曲轴的转速。曲轴承受连杆传来的力，并将其转变为转矩通过曲轴输出来驱动发动机上其他附件工作。曲轴受旋转质量的离心力、周期变化的气体惯性力和往复惯性力的共同作用，使其承受弯曲扭转载荷的作用，因此曲轴要求有足够的强度和刚度，轴颈表面需耐磨、工作均匀、平衡性好。

24.1.1　曲轴的结构

曲轴一般由主轴颈、连杆轴颈、曲柄、平衡块、前端和后端等组成。其中一个主轴颈、一个连杆轴颈和一个曲柄组成一个曲拐，直列式发动机曲轴的曲拐数目等于气缸数；V 形发动机曲轴的曲拐数等于气缸数的一半。下面详细介绍其中的两个部件：曲轴前端和后端，如图 24-2 所示。

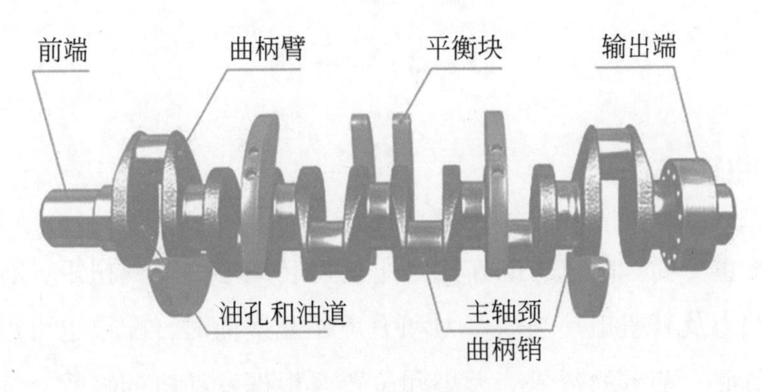

图 24-2　曲轴的结构

曲轴前端是第一道主轴颈之前的部分，其上装有驱动配气凸轮轴的正时齿轮、驱动风扇和水泵的皮带轮及推力片等。为了防止机油沿曲轴轴颈外漏，在曲轴前端有一个甩油盘，随着曲轴旋转，当被齿轮挤出和甩出的机油落到甩油盘上时，由于离心力的作用，会被甩到齿轮室盖的壁面上，再沿壁面流下来回到油底壳中。即使还有少量的机油落到甩油盘前面的曲轴段上，也会被压配在齿轮室盖上的油封挡住。甩油盘的外斜面应向后，如果装错，效果将适得其反。

曲轴后端是最后一道主轴颈之后的部分，有安装飞轮用的凸缘。为防止机油向后漏出，在曲轴后端通常切出回油螺纹或其他封油装置。回油螺纹可以是梯形或矩形的，其螺旋方向应为右旋。回油螺纹的工作原理是当曲轴旋转时，流到回油螺纹槽中的机油也被带动旋转，因为机油本身有黏性，所以受到机体后盖孔壁的摩擦阻力，机油在摩擦阻力的作用下，顺着螺纹槽道被推送向前，流回油底壳。曲轴结构如图 24-3 所示。

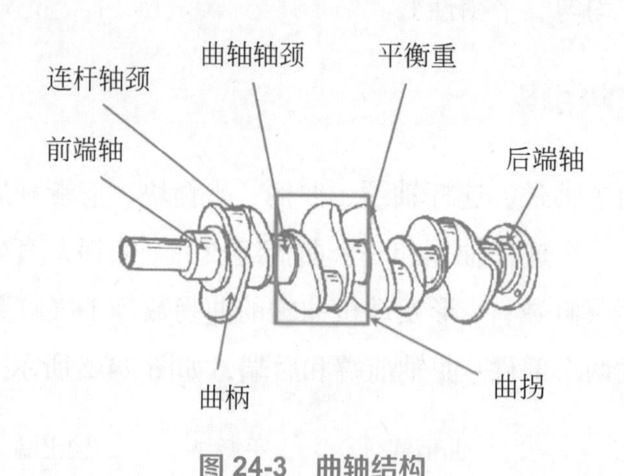

图 24-3　曲轴结构

24.1.2　曲轴的作用

曲轴配重（简称配重）的作用是平衡旋转离心力及其扭矩，有时也能平衡往复惯性力及其扭矩。当这些力和力矩相互平衡时，配重也可以用来减轻主轴承的负荷。配重的数量、大小和位置要根据发动机的缸数、气缸排列和曲轴形状来考虑。平衡块一般与曲轴铸造或锻造成一个整体，但大功率柴油机的平衡块与曲轴分开制造，然后用螺栓连接在一起。

由于发动机机油不干净和轴颈受力不均匀，曲轴会磨损连杆大端和轴颈之间的接触面。如果机油中有大颗粒的硬杂质，也有划伤轴颈表面的危险。如果曲轴磨损严重，很可能会影响活塞往复运动的行程长度，降低燃烧效率从而降低动力输出。此外，曲轴可能因润滑不足或机油太稀而烧伤轴颈表面。因此，必须使用适当黏度的润滑油，并保证油的清洁度。

任务 24.2　曲轴趣味玩具制作

曲轴应用在很多方面，为了更好了解曲轴相关知识，可以自己动手做一个曲轴趣味玩具，研究和思考曲轴的基本规律。

（1）准备材料如图 24-4 所示，进行如图 24-5 所示的拼装。

图 24-4　材料准备

图 24-5　拼装

（2）将三个组件进行连接，如图 24-6 所示。

图 24-6　连接

（3）拼装完成的最终效果如图 24-7 所示。

图 24-7　最终效果

任务 24.3　机械 CAD 绘制组装图

曲轴可以在中望机械 CAD 软件中进行组装、修改、设计，只要输入各种曲轴参数，一个符合要求的曲轴就可设计成功，也可出具设计图纸进行生产。下面具体介绍设计方法。

首先打开中望 3D 软件，进入页面后，如图 24-8 所示，单击“打开”按钮，在弹出的“打开”对话框中选择“曲轴半成品”文件，单击“打开”按钮。

单击“造型”栏中的“倒角”按钮，弹出“倒角”对话框，在“必选”下拉列表中设置“边 E”为“选中 4 个”，“倒角距离 S”为 1mm，单击“确定”按钮，如图 24-9 所示。

再次单击“造型”栏中的“倒角”按钮，在“必选”下拉列表中设置边 E 为“E10”，“倒角距离 S”为 2.5mm，单击“确定”按钮，如图 24-10 所示。

单击“造型”栏中的“圆角”按钮，弹出“圆角”对话框，在“必选”下拉列表中设置“边 E”为“选中 1 个”，“半径 R”为 1mm，单击“确定”按钮，如图 24-11 所示。

再次单击“造型”栏中的“圆角”按钮，弹出“圆角”对话框，在“必选”下拉列表中设置“边 E”为“选中 5 个”，“半径 R”为 5mm，单击“确定”按钮，如图 24-12 所示。

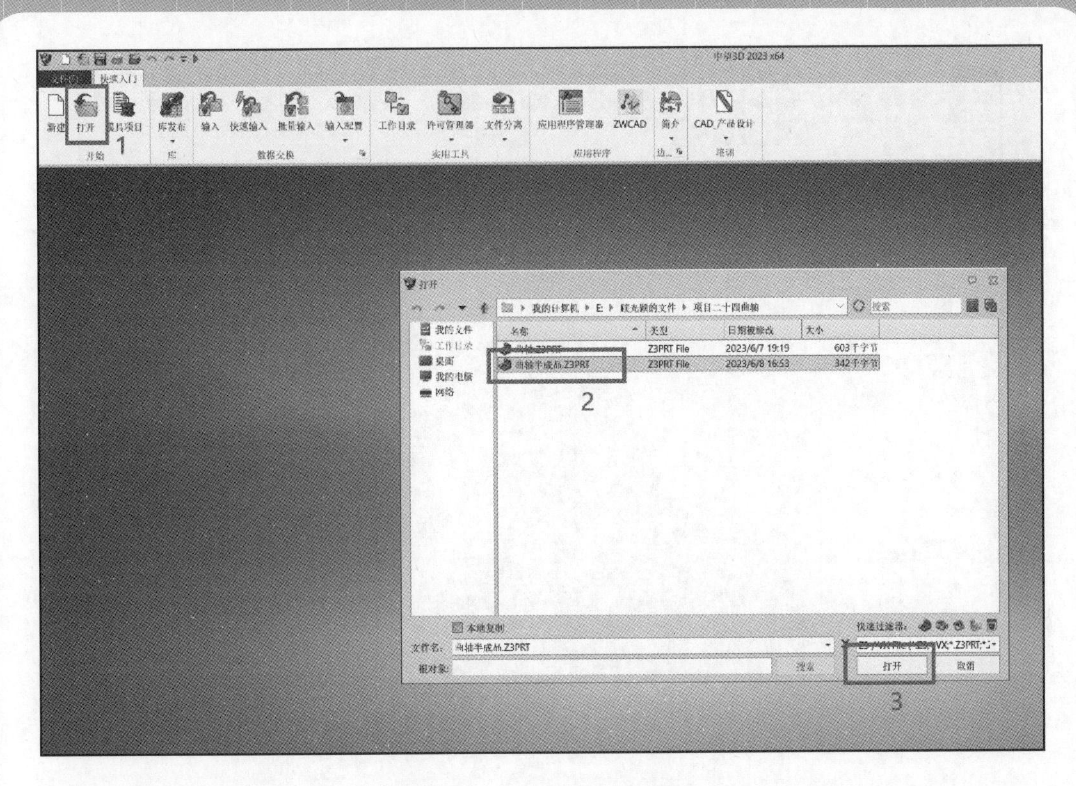

图 24-8　打开曲轴半成品

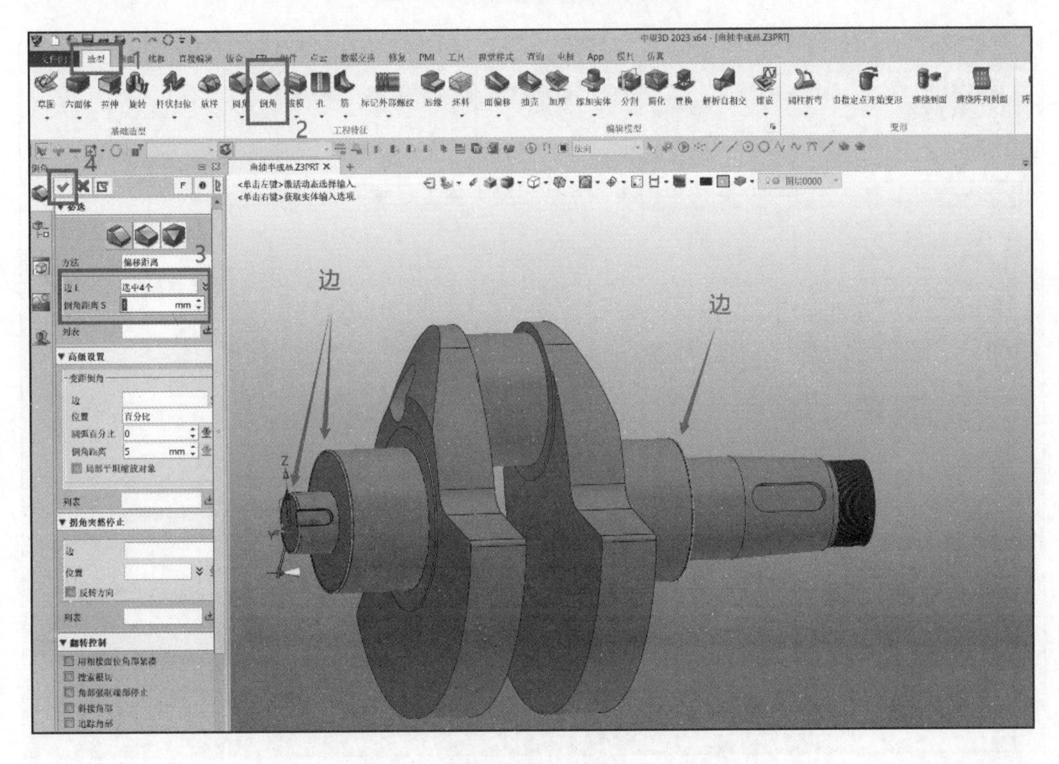

图 24-9　造型

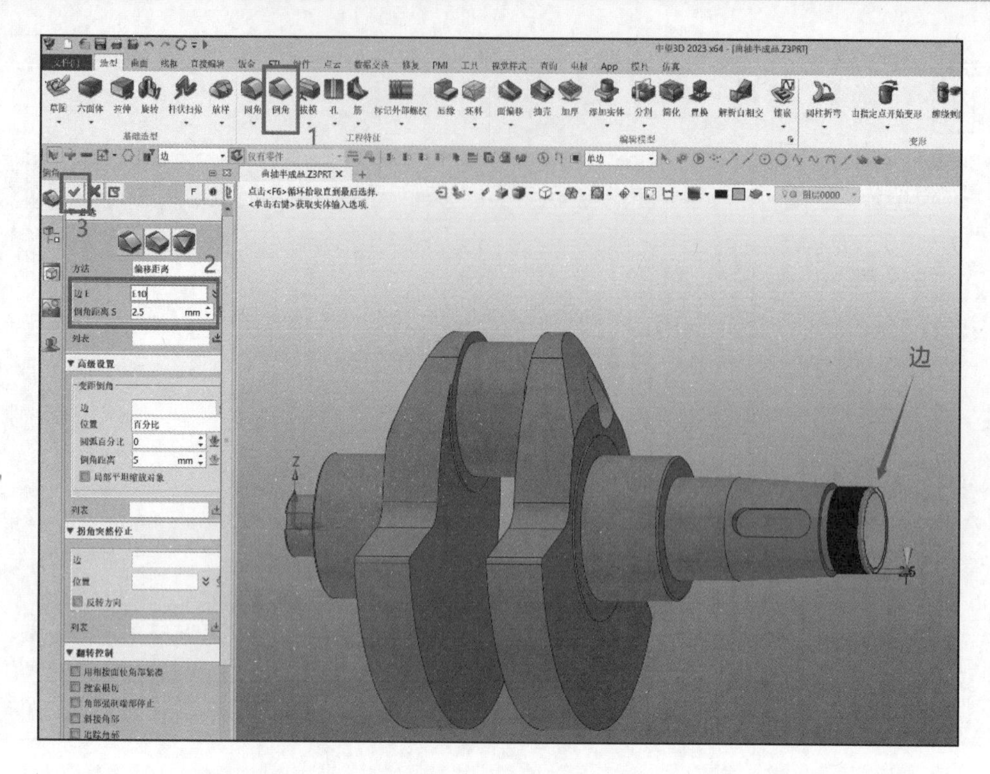

图 24-10　倒角

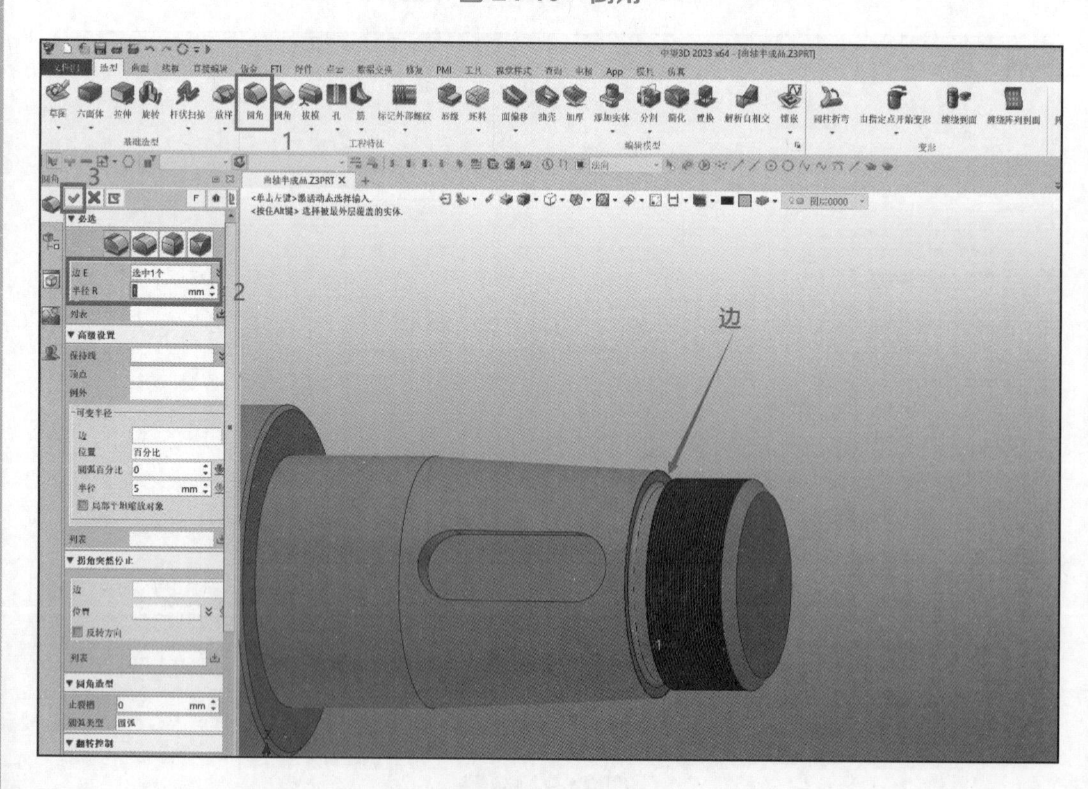

图 24-11　圆角 1

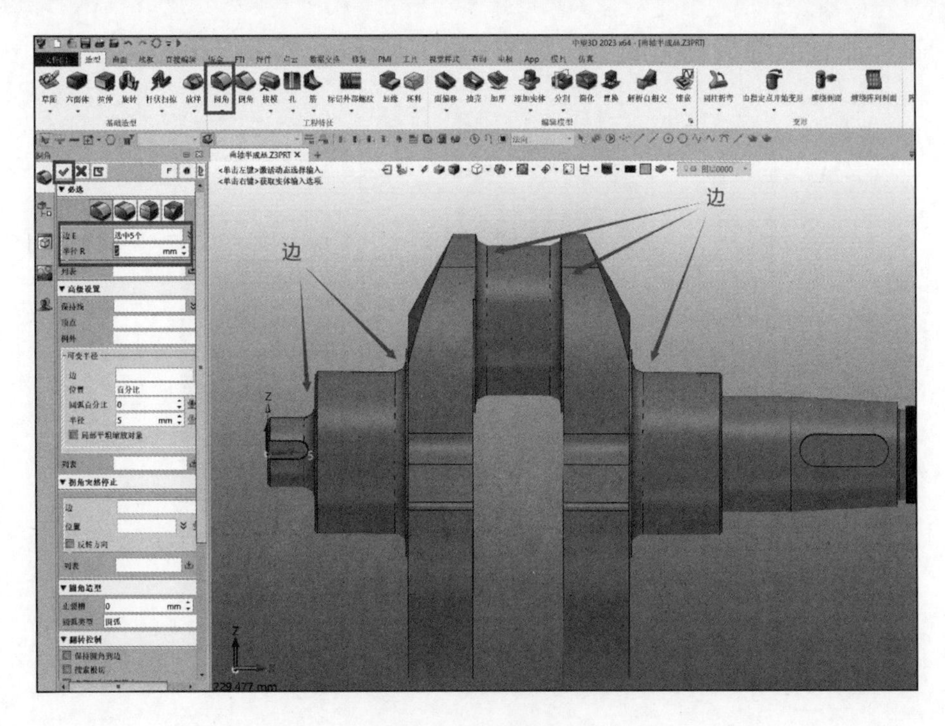

图 24-12　圆角 2

单击“造型”栏中的“圆角”按钮并调整视觉角度，在弹出的“圆角”对话框的“必选”下拉列表中设置“边 E”为“选中 6 个”，“半径 R”为 3mm，单击“确定”按钮，如图 24-13 所示。

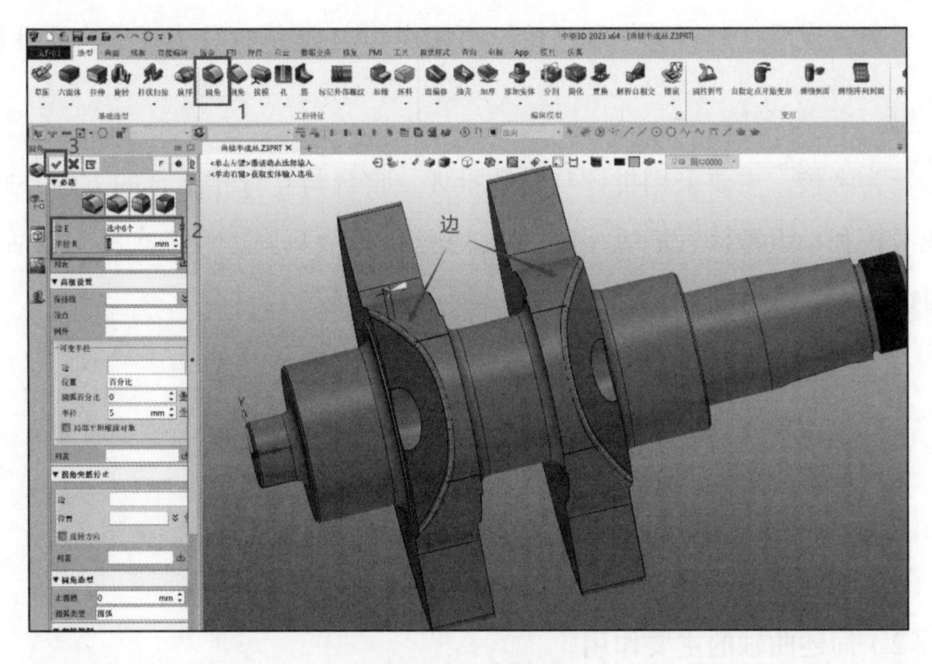

图 24-13　圆角 3

这样曲轴的细节就完成了，如图 24-14 所示。

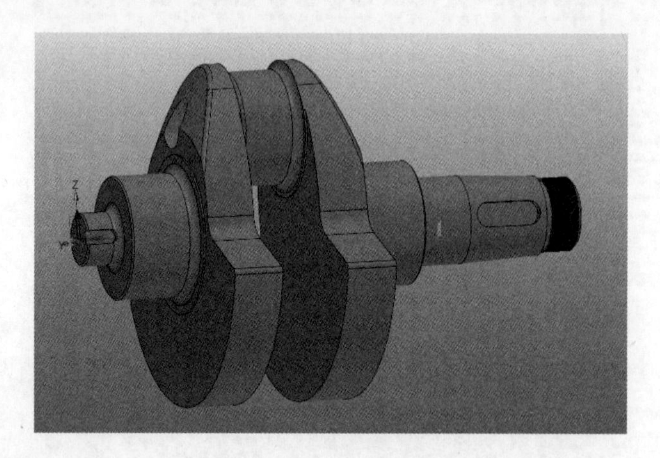

图 24-14　最终效果

任务 24.4　总结及评价

分组讨论制作过程及体会，写出书面总结；互相检查制作结果，集体给每位同学打分。

1. 任务完成大调查

任务完成后，进行总结和讨论，可用表 16-1 所示打分表进行自我评价。

2. 行为考核

行为考核，主要采用批评与自我批评、自育与互育相结合的方法，通过自我考核和小组考核后班级评定的方式进行。班级每周进行一次民主生活会，就自己的行为进行评议，可用表 16-2 所示评分表进行评分。

3. 集体讨论题

曲轴的基本组成有哪些？

4. 思考与练习

（1）掌握曲轴的基本画法。

（2）简述曲轴的主要作用。

项目 25　凸　轮

凸轮指机械的回转或滑动件（如轮或轮的凸出部分），它可以把运动传递给紧靠其边缘移动的滚轮或在槽面上自由运动的针杆，或者从这样的滚轮和针杆中承受力，如图 25-1 所示。

图 25-1　凸轮

任务 25.1 认识凸轮

凸轮随动机构可设计成在其运动范围内能满足几乎任何输入输出关系的机构，对某些用途来说，凸轮和连杆机构能起同样的作用，但对于两者都可以用的场景，凸轮比连杆机构易于设计，并且凸轮还能做许多连杆机构所不能做的事情，此外，凸轮机构也比连杆机构易于制造。

1. 凸轮结构特点

凸轮机构的特点是结构较为简单、紧凑、设计方便，可在运作中实现从动件任意预期运动，因此在机床、纺织机械、轻工机械、印刷机械、机电一体化装配中大量应用。

2. 凸轮工作原理

凸轮的工作原理基于其独特的形状和运动方式来驱动其他机械部件按照预定的运动规律动作。凸轮通常是一个具有特定曲线轮廓或凹槽的构件，它作为主动件可以进行等速的回转运动或往复直线运动。凸轮机构主要由三个基本部分组成：凸轮、滚子、从动件和机架，如图 25-2 所示。

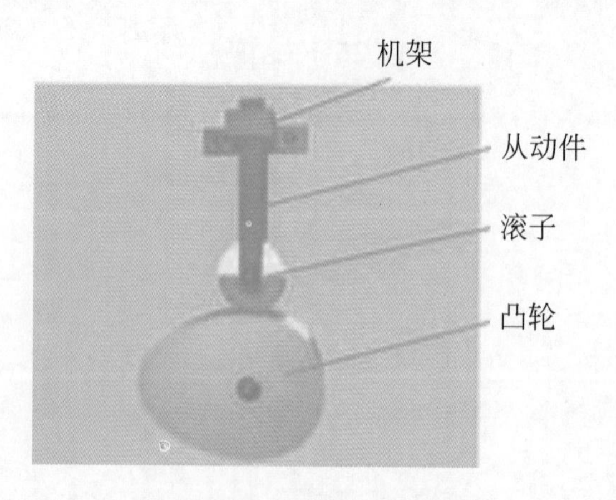

图 25-2　凸轮的工作原理

任务 25.2　凸轮机构玩具制作

凸轮机构应用在很多方面，为了更好了解凸轮机构相关知识，可以自己动手做一个凸轮机构玩具，研究和思考凸轮机构的基本规律。

（1）制作凸轮所需材料如图 25-3 所示，将积木如图 25-4 所示摆放组装。

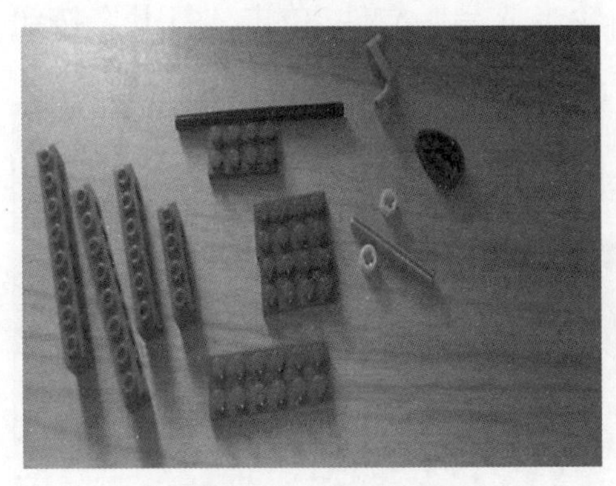

图 25-3　材料准备

图 25-4　组装

（2）安装摇杆，如图 25-5 所示，可以看到黑色的杆在凸轮作用下上下移动，最终效果如图 25-6 所示。

图 25-5　安装摇杆

图 25-6　最终效果

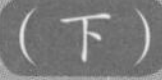

任务 25.3　机械 CAD 绘制组装图

凸轮可以在中望机械 CAD 软件中进行组装、修改、设计，只要输入各种凸轮参数，一个符合要求的凸轮就可设计成功，也可出具设计图纸进行生产。下面具体介绍设计方法。

首先打开中望 3D 软件，进入页面后，如图 25-7 所示，单击“打开”按钮,在弹出的“打开”对话框中选择“凸轮半成品”文件,单击“打开”按钮。

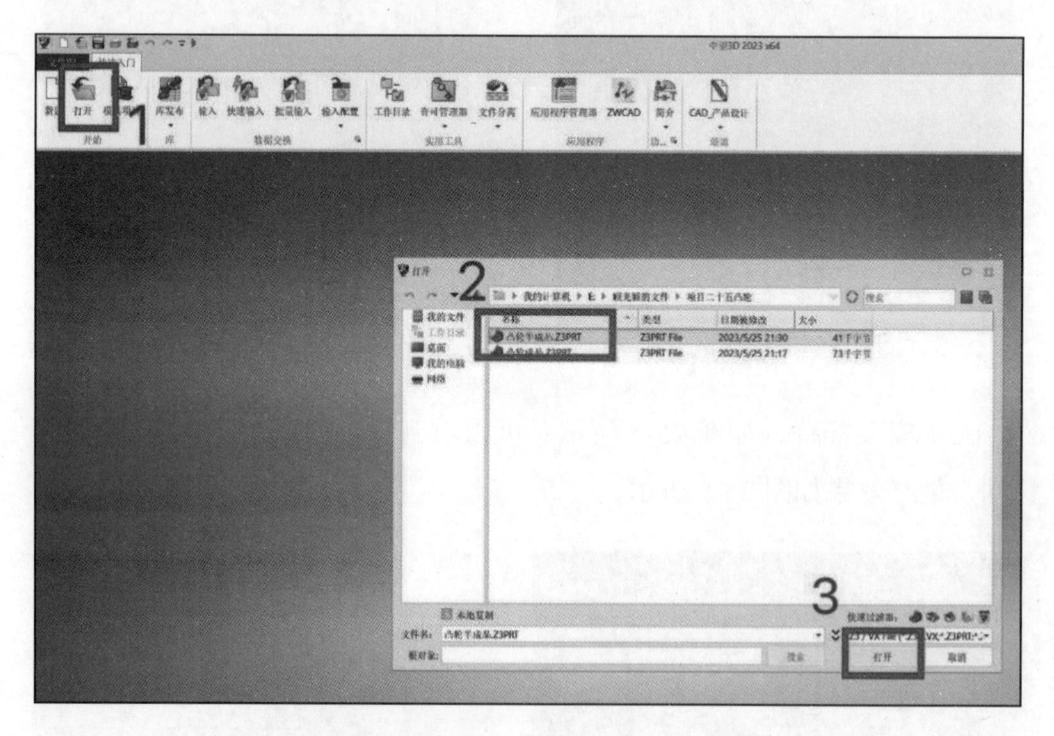

图 25-7　凸轮半成品

如图 25-8 所示单击“造型”栏中的“拉伸”按钮,弹出“拉伸”按钮,在“必选”下拉列表中设置“轮廓 P”为“草图”,“结束点 E”为 15mm,然后在“布尔运算”下拉列表中单击第二个“加运算”按钮，最后单击“确认”按钮。

随后如图 25-9 所示再次单击“拉伸”按钮,弹出“拉伸”对话框,在“必选”下拉列表中设置“轮廓 P”为“草图 2”,“结束点 E”为 30mm，然后在“布尔运算”下拉列表中单击第三个“减运算”按钮，最后单击“确认”按钮。

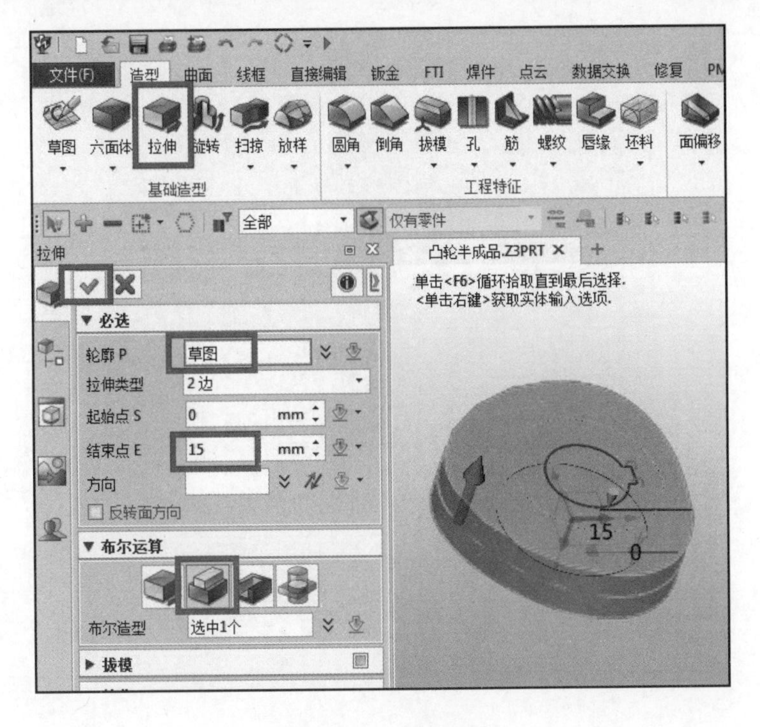

图 25-8　加运算

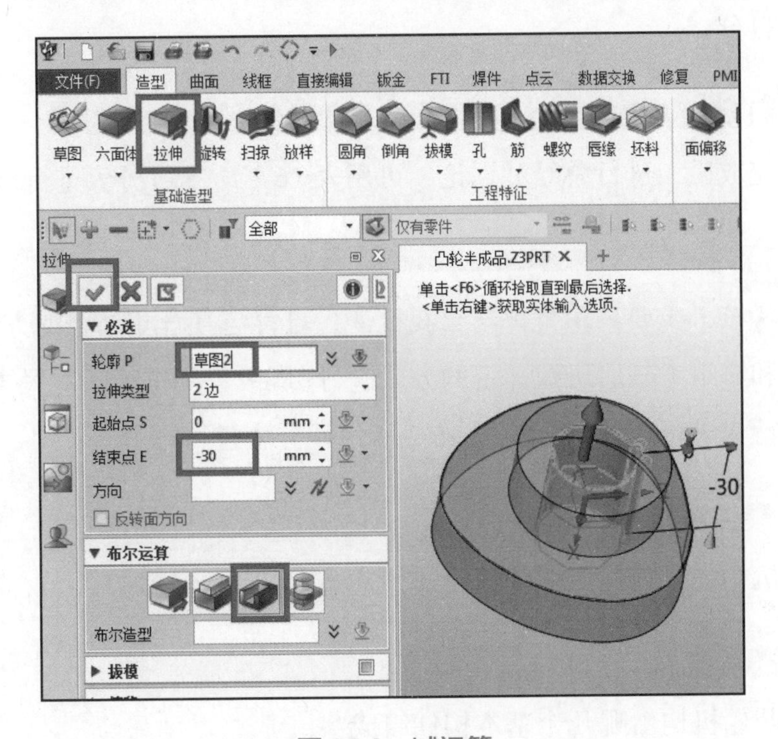

图 25-9　减运算

这样一个不规则的凸轮就画好了，如图 25-10 所示。

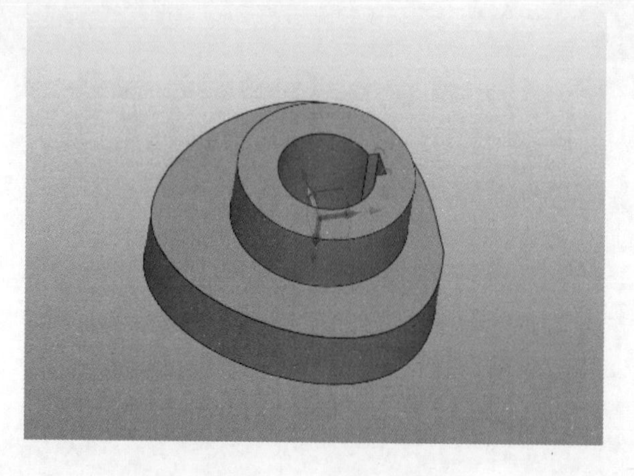

图 25-10　不规则的凸轮

任务 25.4　总结及评价

分组讨论制作过程及体会，写出书面总结；互相检查制作结果，集体给每位同学打分。

1. 任务完成大调查

任务完成后，进行总结和讨论，可用表 16-1 所示打分表进行自我评价。

2. 行为考核

行为考核，主要采用批评与自我批评、自育与互育相结合的方法，通过自我考核和小组考核后班级评定的方式进行。班级每周进行一次民主生活会，就自己的行为进行评议，可用表 16-2 所示评分表进行评分。

3. 集体讨论题

凸轮机构的显著优点是什么？

4. 思考与练习

（1）凸轮机构由哪几个基本构件组成？

（2）常用的凸轮机构是哪一种类型？有哪些基本参数？

项目 26　连　　杆

连杆是连接活塞和曲轴的机构，并将活塞所受作用力传给曲轴，将活塞的往复运动转变为曲轴的旋转运动，如图 26-1 所示。

图 26-1　连杆

任务 26.1 认识连杆

连杆组由连杆体、连杆大头盖、连杆小头衬套、连杆大头轴瓦和连杆螺栓（或螺钉）等组成，如图 26-2 所示。连杆组承受活塞销传来的气体作用力及其本身摆动和活塞组往复惯性力的作用，这些力的大小和方向都是周期性变化的，因此连杆会受到压缩、拉伸等交变载荷作用，必须有足够的疲劳强度和结构刚度。若疲劳强度不足，往往会造成连杆体或连杆螺栓断裂，进而产生整机破坏的重大事故；若刚度不足，则会造成杆体弯曲变形及连杆大头的失圆变形，导致活塞、汽缸、轴承和曲柄销等的偏磨，

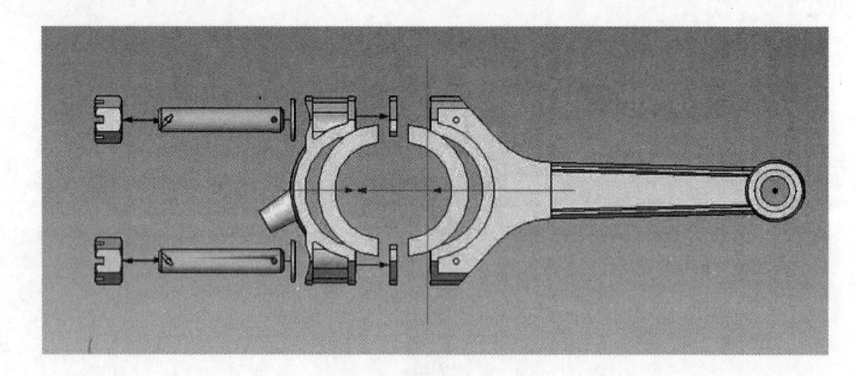

图 26-2　连杆组成

26.1.1　连杆的结构

连杆体由三部分构成，与活塞销连接的部分称为连杆小头，与曲轴连接的部分称为连杆大头，连接小头与大头的杆部称为连杆杆身。

连杆小头多为薄壁圆环形结构，为减少与活塞销之间的磨损，通常在小头孔内压入薄壁青铜衬套，并在小头和衬套上钻孔或铣槽，以使飞溅的油沫进入润滑衬套与活塞销的配合表面。

连杆杆身是一个长杆件，在工作中受力也较大，为防止其弯曲变形，杆身必须具有足够的刚度。为此，车用发动机的连杆杆身大都采用 I 形断面，

可以在刚度与强度都足够的情况下质量最小，高强化发动机也有采用 H 形断面的。有的发动机采用连杆小头喷射机油冷却活塞，须在杆身纵向钻通孔，为避免应力集中，连杆杆身与小头、大头连接处均采用大圆弧光滑过渡。活塞连杆如图 26-3 所示。

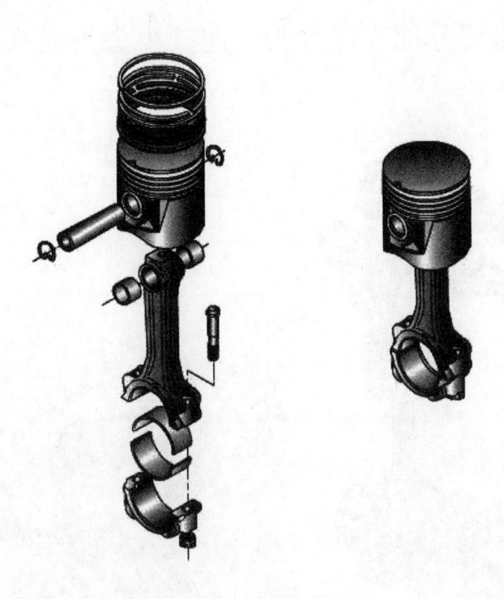

图 26-3 活塞连杆

为降低发动机的振动，必须把各缸连杆的质量差限制在最小范围内，因此在工厂装配发动机时，一般都以克（g）为计量单位对连杆的大、小头质量分组，同一台发动机选用同一组连杆。

V 形发动机上，其左、右两列的相应气缸共用一个曲柄销，连杆有并列连杆、叉形连杆及主副连杆三种形式。

26.1.2 连杆的用途

连杆的作用是连接活塞和曲轴，并将活塞所受作用力传递给曲轴，将活塞的往复运动转变为曲轴的旋转运动，如图 26-4 所示。

汽车连杆总成的作用是把多个连杆综合到一起，更好地发挥其稳定性。

连杆组由连杆体、连杆大头盖、连杆小头衬套、连杆大头轴瓦和连杆螺栓（或螺钉）等组成。连杆组承受活塞销传来的气体作用力及其本身摆动和活塞组往复惯性力的作用，这些力的大小和方向都是周期性变化的。

因此连杆受到压缩、拉伸等交变载荷作用。连杆必须有足够的疲劳强度和结构刚度。疲劳强度不足，往往会造成连杆体或连杆螺栓断裂，进而产生整机破坏的重大事故。

扩展资料：结构组成连杆体由三部分构成，与活塞销连接的部分称连杆小头；与曲轴连接的部分称连杆大头，连接小头与大头的杆部称连杆杆身。如图 26-5 所示。

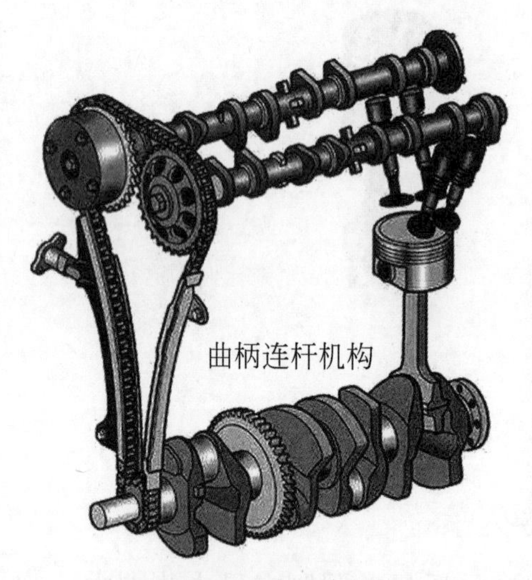

图 26-4　汽车连杆

图 26-5　连杆

任务 26.2　连杆趣味玩具制作

连杆应用在很多方面，为了更好了解连杆相关知识，可以自己动手做一个连杆趣味玩具，研究和思考连杆的基本规律。

（1）准备好所有零件，如图 26-6 所示。

（2）将轮子和轴组装起来，如图 26-7 所示。

（3）装上连杆，如图 26-8 所示。

（4）装上两个齿轮，如图 26-9 所示。

（5）装上另一个连杆，如图 26-10 所示。

（6）一个连杆原理的小玩具就做好了，最终效果如图 26-11 所示。

图 26-6　材料准备

图 26-7　轮子和轴组装

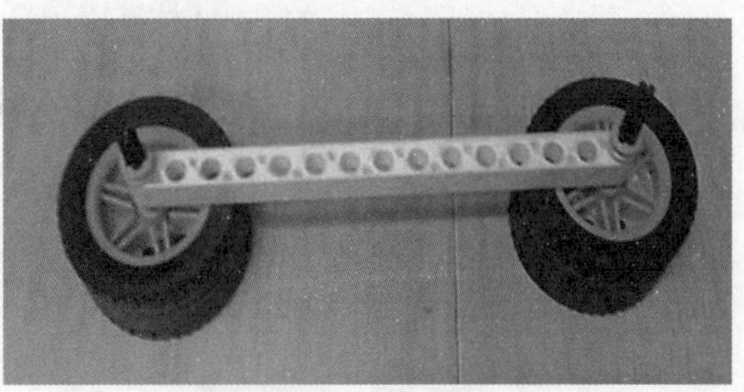

图 26-8　装上连杆

图 26-9　装上两个齿轮

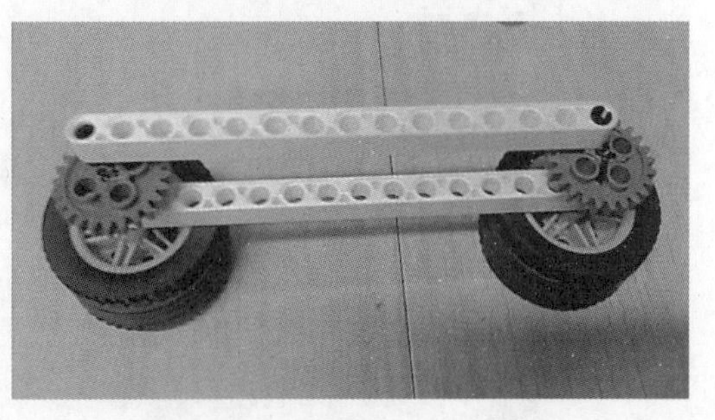

图 26-10　装上另一个连杆

图 26-11　最终效果

任务 26.3　机械 CAD 绘制连杆组装图

连杆可以在中望机械 CAD 软件中进行组装、修改、设计，只要输入各种连杆参数，一个符合要求的连杆就可设计成功，也可出具设计图纸进行生产。下面具体介绍设计方法。

首先打开中望 3D 软件，新建一个装配图。

如图 26-12 所示，单击“装配”栏中的“插入”按钮，弹出“插入”对话框，在“必选”下拉列表中选择“连杆零件 1”文件，单击“确定”按钮，再用同样操作选择“连杆零件 2”文件，单击“确认”按钮。

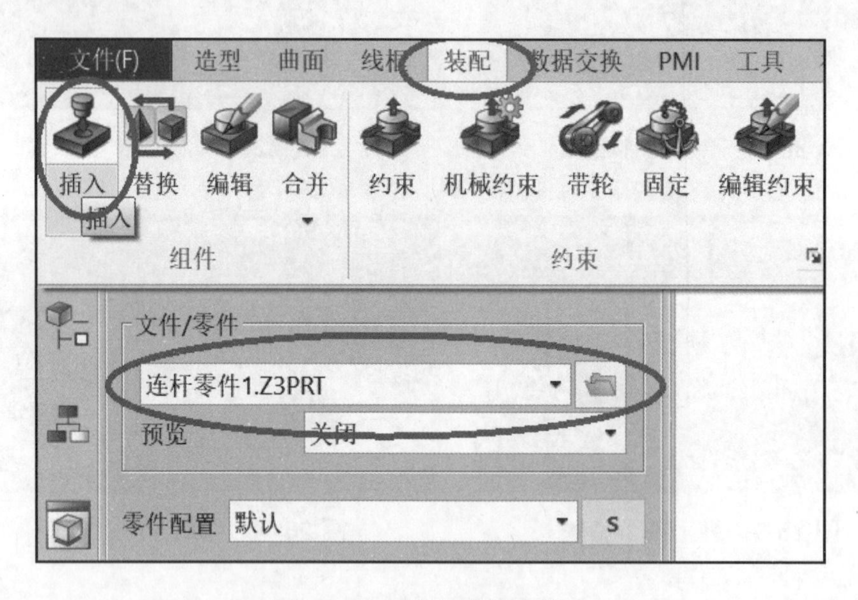

图 26-12　插入连杆零件 1

如图 26-13 所示，将两个连杆零件的边上和孔内表面分别进行“同心”约束。

约束完成后，两个连杆零件是在同一平面内。如图 26-14 所示，继续单击“约束”按钮，在弹出的“约束”对话框中对两个连杆零件需要重合的面进行“重合”约束。

这样连杆就装配完成了，如图 26-15 所示。

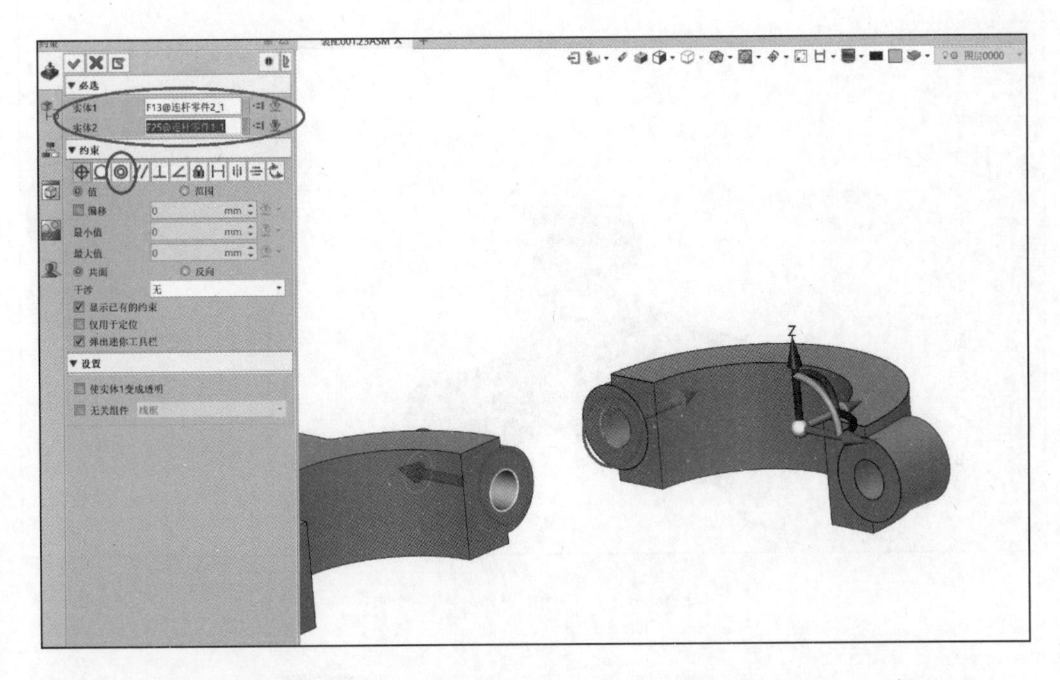

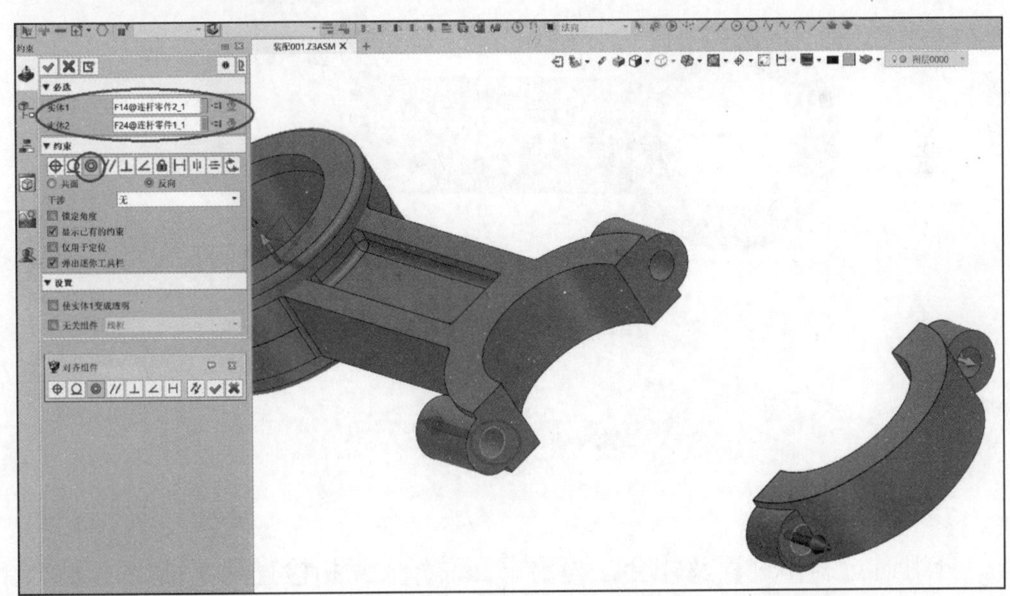

图 26-13　添加“同心”约束

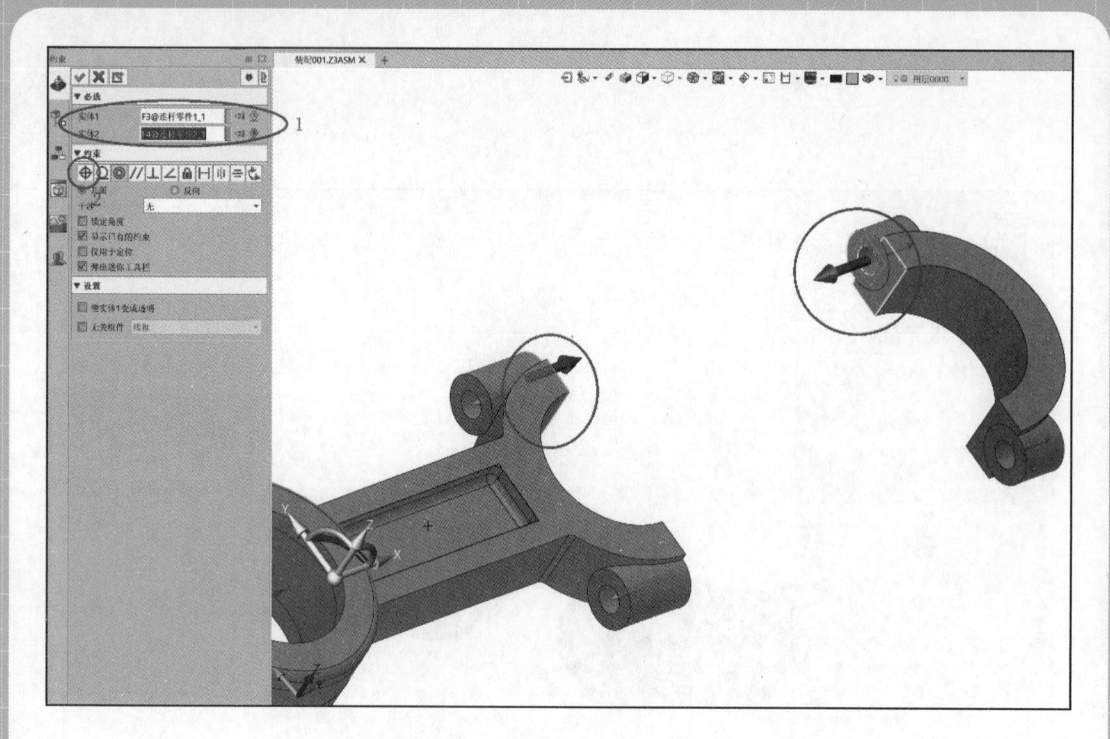

图 26-14　添加“重合”约束

图 26-15　最终效果

任务 26.4　总结及评价

分组讨论制作过程及体会，写出书面总结；互相检查制作结果，集体给每位同学打分。

1. 任务完成大调查

任务完成后，进行总结和讨论，可用表 16-1 所示打分表进行自我评价。

2. 行为考核

行为考核，主要采用批评与自我批评、自育与互育相结合的方法，通过自我考核和小组考核后班级评定的方式进行。班级每周进行一次民主生活会，就自己的行为进行评议，可用表 16-2 所示评分表进行评分。

3. 集体讨论题

什么叫连杆机构？该机构的优点是什么？

4. 思考与练习

连杆机构适用于哪些场合？

项目 27 四杆机构

四杆机构是指具有 4 个构件（包括机架）的连杆机构。四杆机构可以视为其他基本机构的理论结构原型，能够实现给定的运动规律或运动轨迹。杆件的形状简单，制造方便，在设计中具有广泛应用。

任务 27.1　认识四杆机构

平面四杆机构是由 4 个刚性构件用低副连接组成的，各个运动构件均在同一平面内运动。平面四杆机构基本类型有铰链四杆机构、曲柄摇杆机构、双曲柄机构和双摇杆机构等。

27.1.1　四杆机构的组成

一个通用的四杆机构由机架、连架杆、连杆组成，如图 27-1 所示。四杆机构中最具有代表性的就是曲柄摇杆机构，也是最常见到的，它的特点是可以将回转运动改变为往复运动。

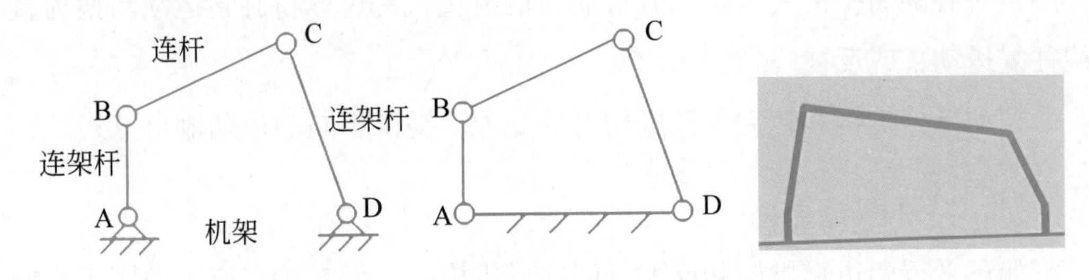

图 27-1　四杆机构的组成

四杆机构的组成如下。

机架：四杆机构中的固定杆件，不参与运动，为其他杆件提供支撑。在四杆机构中，机架通常是整个机构的基础，其他杆件都连接在机架上。

连杆：连接原动件和从动件的杆件，传递运动和力。连杆的运动轨迹取决于原动件和从动件的形状和尺寸，可以是直线运动、圆周运动或曲线运动。

从动件：四杆机构中的被动杆件，跟随原动件运动。从动件的运动轨迹取决于机构的类型，可以是直线运动、摆动或旋转运动。

根据各杆件的运动特性和相对长度，四杆机构可以分为以下几种基本类型。

1. 铰链四杆机构

这是最基本的形式，所有运动副均为转动副。包括以下三种基本形式。

（1）曲柄摇杆机构：一个连架杆为曲柄（能做整周转动），另一个为摇杆（只能在一定角度内往复摆动）。广泛应用在需要将连续回转运动转换为往复摆动的场合，如牛头刨床、缝纫机脚踏机构等。

（2）双曲柄机构：两个连架杆都是曲柄，可以实现等速或变速回转运动的转换，常见于旋转式叶片泵、惯性筛等装置。

（3）双摇杆机构：两个连架杆都是摇杆，较为少见，应用于需要复杂摆动运动的场合，如手动冲孔机、飞机起落架等。

2. 含有移动副的四杆机构

这类机构除了转动副外，还包括至少一个移动副，例如曲柄滑块机构。其中，对心的曲柄滑块机构和偏置的曲柄滑块机构可以将旋转运动转换为直线往复运动，或反之。

摆动导杆机构和转动导杆机构也是变种，提供不同的运动输出方式。

3. 特殊四杆机构

如正平行四边形机构和反平行四边形机构，它们在特定应用中用于维持恒定的力或速度传递，或用于导向和支撑。

27.1.2 四杆机构的类型

四杆机构的基本类型：曲柄摇杆机构，双曲柄机构，双摇杆机构。根据平面四连杆机构中是否存在曲柄，有一个曲柄或两个曲柄，可把它分为下面两种基本形式。

1. 铰链四杆机构

所有运动副均为转动副的四杆机构称为铰链四杆机构，它是平面四杆机构的基本形式，其他四杆机构都可以看成在它的基础上演化而来的。选定其中一个构件作为机架之后，直接与机架连接的构件称为连架杆，不直接与机架连接的构件称为连杆，能够做整周回转的构件被称作曲柄，只能在某一角度范围内往复摆动的构件称为摇杆。如果以转动副连接的两个构件可以做整周相对转动，则称为整转副，反之称为摆转副。

铰链四杆机构中，按照连架杆是否可以做整周转动，可以将其分为三种基本形式，即曲柄摇杆机构，双曲柄机构和双摇杆机构。

2. 曲柄摇杆机构

（1）曲柄摇杆机构，两连架杆中一个为曲柄一个为摇杆的铰链四杆机构。

（2）双曲柄机构，具有两个曲柄的铰链四杆机构称为双曲柄机构。其特点是当主动曲柄连续等速转动时，从动曲柄一般做不等速转动。在双曲柄机构中，如果两对边构件长度相等且平行，则称为平行四边形机构。这种机构的传动特点是主动曲柄和从动曲柄均以相同的角速度转动，而连杆做平动。

27.1.3　生活中的四杆机构

平面四杆机构是一个曲柄带动一个连杆进行运动的机构，生活中最常见的是缝纫机，其缝纫衣服的机头就是依靠脚踏板带动起来的，通过脚的均匀踏动踏板联动机头进行不断缝纫衣服，所以要想连续缝纫衣服需要手、脚、脑、眼相互协调，如果出现协调问题就会缝纫出错，如图 27-2 所示。

图 27-2　用平行四杆机构作同步带张紧机构

任务 27.2　四杆机构积木拼装

四杆机构应用在很多方面，为了更好了解四杆机构相关知识，可以自己动手做一个四杆机构传动系统，研究和思考四杆机构的基本规律。

（1）材料准备：2 个长积木，2 个短积木，4 个连接插销。

（2）将一根长积木两端插入插销，如图 27-3 所示。

（3）将两根短积木通过插销连接到长积木的两端面，如图 27-4 所示。

图 27-3　拼装长积木

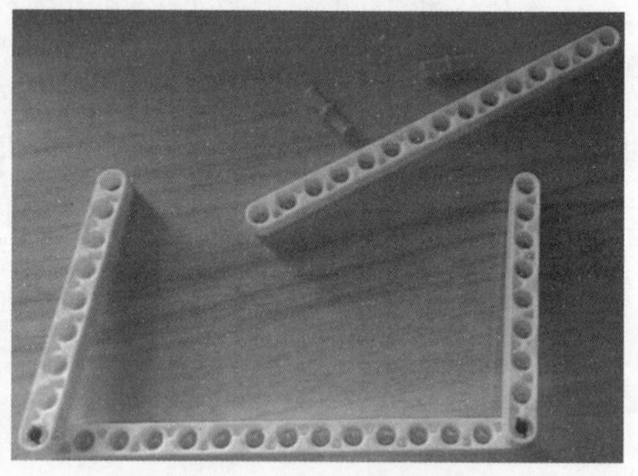

图 27-4　拼装短积木

（4）将剩下一根长积木连接到两根短积木上，使其封闭，如图 27-5 所示，最终效果如图 27-6 所示，转动一根积木会生成连动效果。

图 27-5　拼装长积木

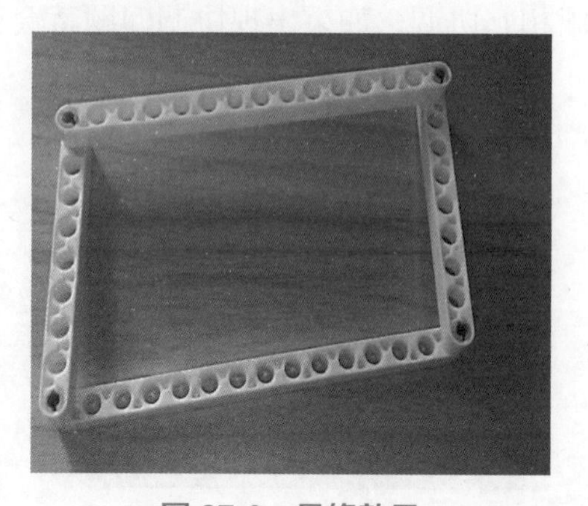

图 27-6　最终效果

任务 27.3　机械 CAD 绘制机构组装图

四杆机构可以在中望机械 CAD 软件中进行组装、修改、设计，只要输入各种四杆机构参数，一个符合要求的四杆机构就可设计成功，也可出具设计图纸进行生产。下面具体介绍设计方法。

打开中望 3D 软件，新建一个装配图，如图 27-7 所示，单击“装配”栏中的“插入”按钮，弹出“插入”对话框，在“必选”下拉列表中选择“底座”，在“放置”下拉列表中设置“位置”和“面 / 基准”，同时勾选“固定组件”复选框，单击“确认”按钮。

如图 27-8 所示，用同样的操作方式，在“插入”对话框“必选”下拉列表中选择“杆 1”，同样设置“位置”，但注意不要勾选“固定组件”复选框。

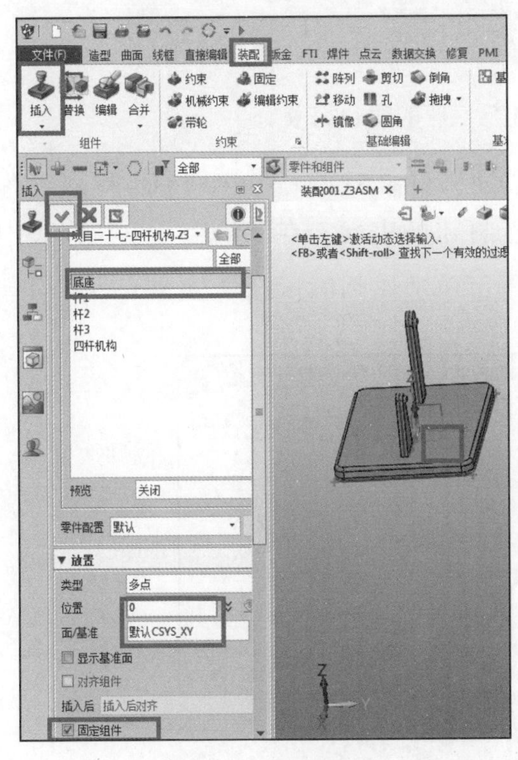

图 27-7　插入底座

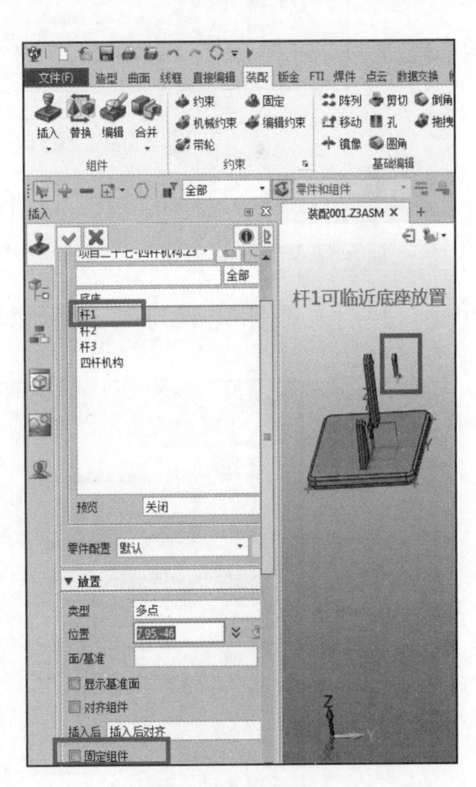

图 27-8　插入杆 1

如图 27-9 所示，添加杆 1 与底座的同心约束，其中在“必选”下拉列表中设置“实体 1”为底座短柱的圆柱表面，“实体 2”为杆 1 的孔表面，在“约束”下拉列表中单击“同心”按钮。如果方向反了，可单击“反转”按钮调整。

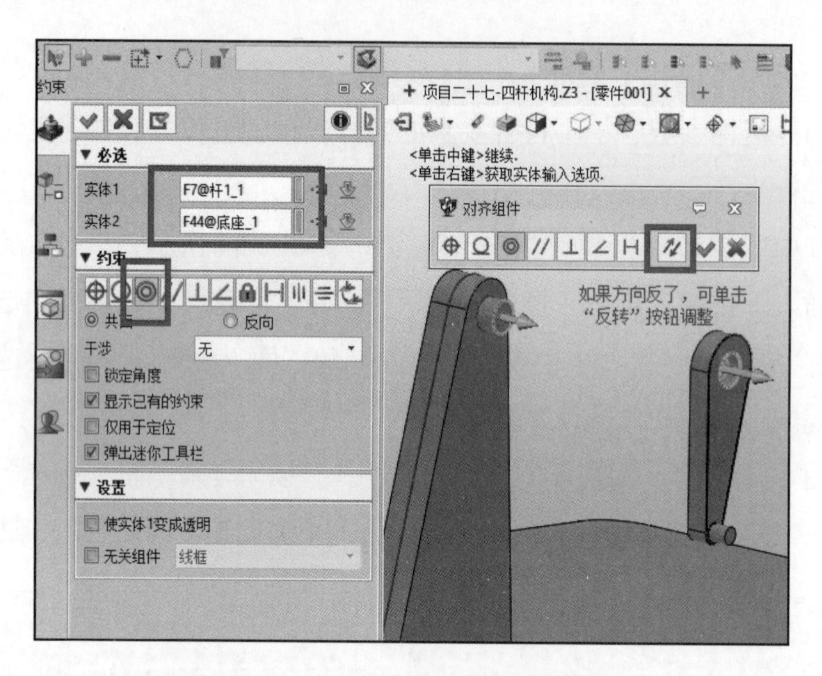

图 27-9　添加杆 1 与底座的同心约束

如图 27-10 所示，继续添加重合约束，在“必选”下拉列表中设置“实体 1”为底座短柱的表面，“实体 2”为杆 1 的表面，在“约束”下拉列表中单击“重合”按钮完成约束。拖动杆 1 可单独作圆周运动。

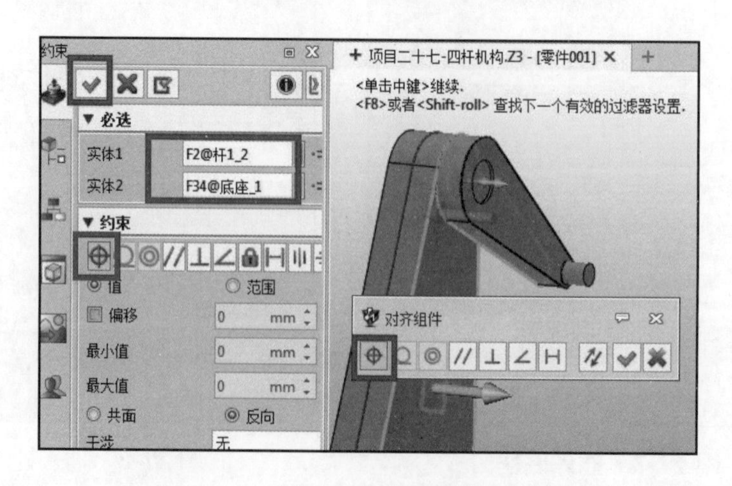

图 27-10　添加杆 1 与底座的重合约束

用同样的操作方式,在“插入”对话框“必选”下拉列表中选择“杆 2”,并且与“杆 1”设置相同，添加同心约束和重合约束，在此不作赘述，安装好后也可单独作圆周运动（按住鼠标右键不放，可旋转图形；按住鼠标左键，可平移图形；鼠标滚轮可放大缩小图形）。

再用相同操作插入组件杆 3，并对杆 3 与杆 1、杆 2 分别添加同心约束和重合约束，成品图共有 8 个约束命令，如图 27-11 所示。如遇到部件被遮挡，可以先关闭对话框，随后拖动“杆”旋转进行位置调整，如不慎将图意外拉出，可以按 Ctrl+Z 组合键，回到前一操作。拖动杆 1 表面作圆周运动，可观察四杆机构轨迹。

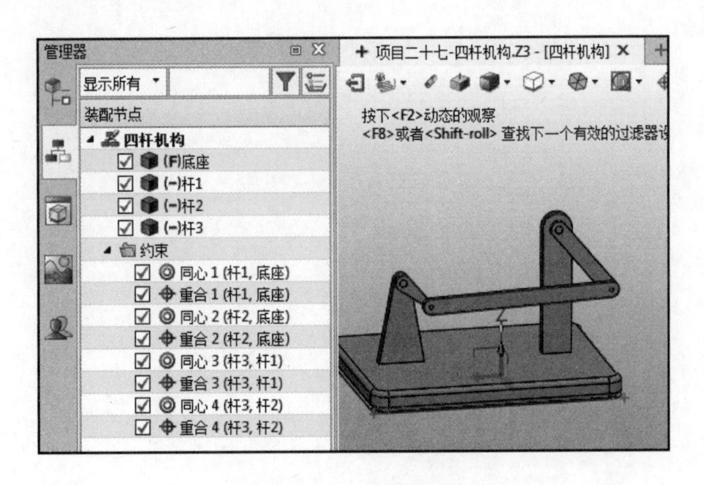

图 27-11　最终效果

任务 27.3　总结及评价

分组讨论制作过程及体会，写出书面总结；互相检查制作结果，集体给每位同学打分。

1. 任务完成大调查

任务完成后，进行总结和讨论，可用表 16-1 所示打分表进行自我评价。

2. 行为考核

行为考核，主要采用批评与自我批评、自育与互育相结合的方法，通过自我考核和小组考核后班级评定的方式进行。班级每周进行一次民主生活会，就自己的行为进行评议，可用表 16-2 所示评分表进行评分。

3. 集体讨论题

铰链四杆机构可演化为哪些其他形式的机构？

4. 思考与练习

（1）铰链四杆机构有哪些基本类型？

（2）如何判别四杆机构的三种不同形式？

项目28 飞　　轮

飞轮在机械系统中发挥着举足轻重的作用，具有储能稳速的能力。飞轮作为摩擦离合器的驱动件，负责与离合器接合和分离。此外飞轮的外缘装配有飞轮齿圈，与起动机的驱动齿轮相互啮合，以起动发动机。飞轮的巨大转动惯量有助于减少发动机运行过程中的速度波动。

任务 28.1 认识飞轮

飞轮是在旋转运动中用于储存旋转动能的一种机械装置，如图 28-1 所示。飞轮倾向于抵抗转速的改变，当动力源对旋转轴作用一个变动的力矩时（如往复式发动机），或是应用在间歇性负载时（如活塞或冲床），飞轮可以减小转速的波动，使旋转运动更加平顺。有些测试需要间歇性的高功率输出，若此功率直接由电力系统提供，可能会造成不想要的电流突波，若配合飞轮使用，当输入功较输出功大时，飞轮会将多余能量转换为本身动能，同时使飞轮加速；当输入功较输出功小时，飞轮会减速，释放的动能即可成为功率的输出。飞轮通常由钢制成，并在传统的轴承上旋转，旋转速率一般仅限于几千转 / 分钟（r/min）。一些现代的飞轮是用碳纤维材料制成的，并采用磁性轴承，旋转速度能够高达 60 000r/min。

图 28-1 飞轮

28.1.1 飞轮的结构

飞轮的结构很简单，就是一个铸铁圆盘，具有很大的转动惯量。为了在同样质量下增大转动惯量，一般飞轮的边缘做得比较厚。在飞轮边缘部位一般镶有齿圈，在发动机起动时与起动机齿轮啮合，带动曲轴旋转。在飞轮的中心部位有几个螺丝孔，通过螺栓与曲轴组合为一体。飞轮的一面是平整的平面，与离合器片接触，另一面是特殊的形状，与曲轴连接在一起。

28.1.2　飞轮的工作原理

飞轮是一个转动惯量很大的盘形零件，其作用如同一个能量存储器。在做功冲程中发动机发出的能量，除对外输出外，还有部分被飞轮吸收，然后在进气、压缩及排气冲程中释放出来，补偿这三个行程所消耗的功，使曲轴能够克服阻力，继续运转。

任务 28.2　飞轮玩具制作

飞轮应用在很多方面，为了更好了解飞轮相关知识，可以自己动手做一个飞轮玩具，研究和思考飞轮的基本规律。

（1）材料准备：有厚度的卡纸、棉线（可以用风筝线，结实、顺滑）、吸管、手工胶、水彩笔、剪刀、铅笔，如图 28-2 所示。

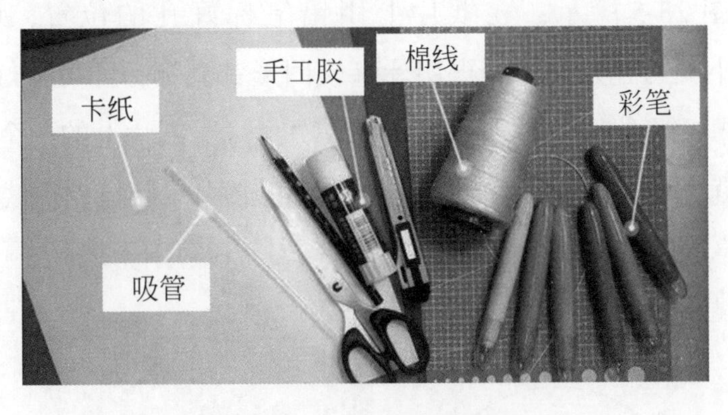

图 28-2　飞轮玩具制作材料

（2）在卡纸上用圆规画几个同样大小的圆形，没有找到圆规可以用一次性纸杯倒扣在卡纸上，沿着边缘画圆形，并用剪刀裁剪下来，如图 28-3 所示。

（3）先用铅笔标出圆心的大概位置，画草稿，把水彩笔按照彩虹渐变的颜色排列好，稍后填色用。在一个圆片上画出渐变的旋转图案，另外一个圆片上画出颜色渐变的色盘。在纸片后面涂上胶水，粘好，一个双面的拉线飞

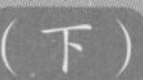

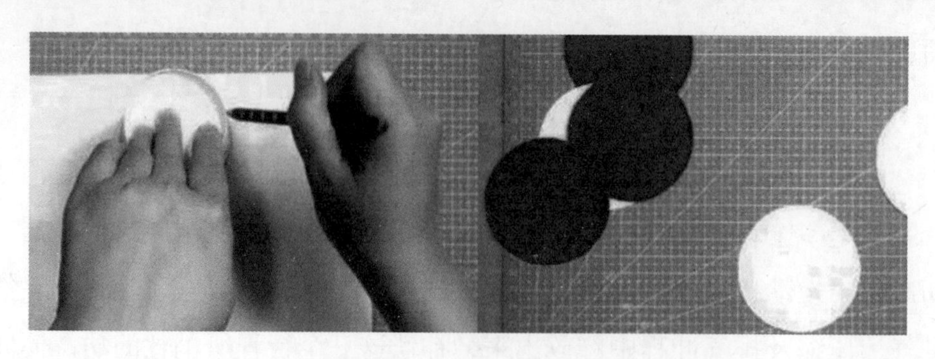

图 28-3　裁剪圆形纸片

轮就做好了，如图 28-4 所示。

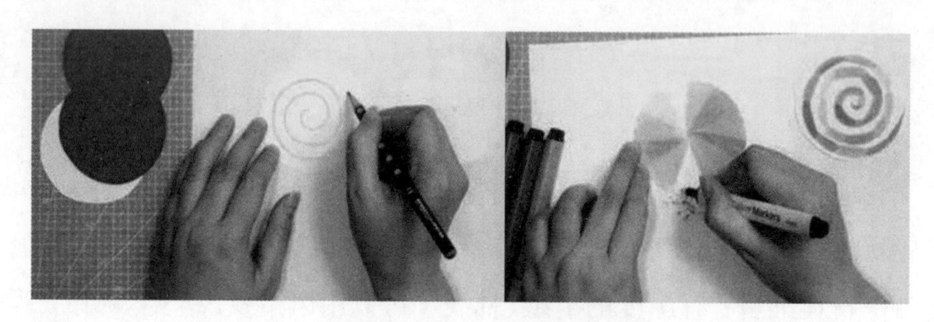

图 28-4　画上美丽的图案

（4）如图 28-5 所示，在纸片上用铅笔标好孔的位置，两个孔相距 5~7mm。用小尖刀扎开小口，再用牙签或回形针戳穿，即可打好孔。把准备好的棉线，选取合适的长度，穿上吸管，依次穿过圆纸片上的两个小孔，打结，旋转小飞轮就做好了，如图 28-6 所示。多甩几圈，然后拉动棉线，松弛有度，就可以尽情享受这个小拉力器带来的乐趣了。直接用棉线穿扣子，也可以达到同样的效果。

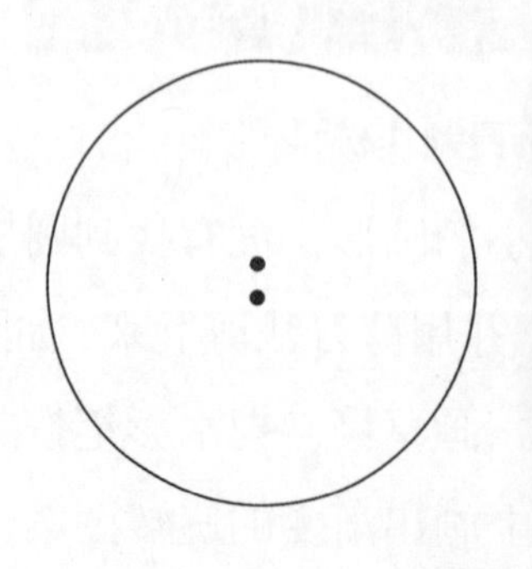

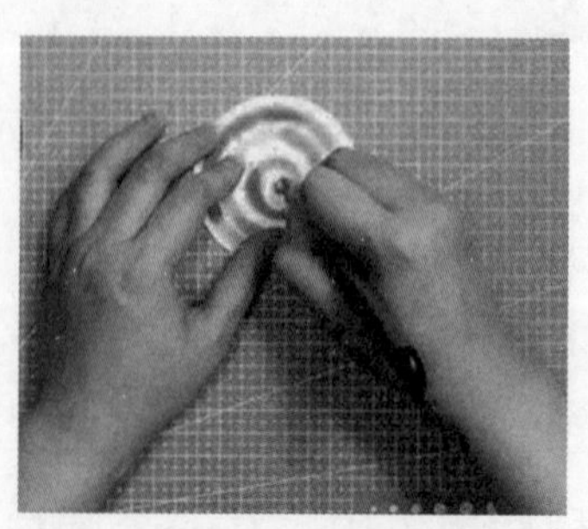

图 28-5　打孔

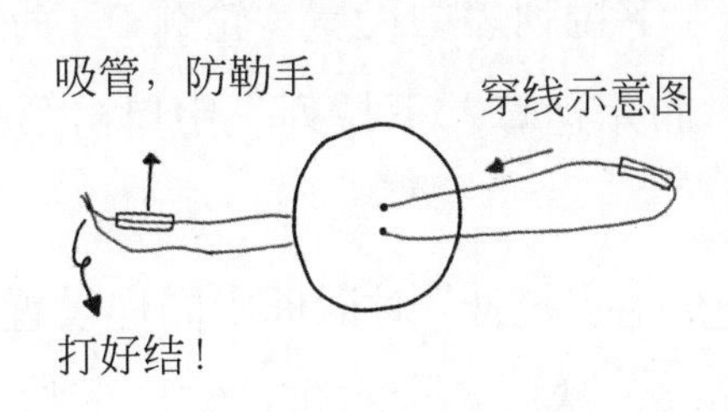

图 28-6　加上吸管

任务 28.3　机械 CAD 设计飞轮

飞轮可以在中望机械 CAD 软件中进行组装、修改、设计，只要输入各种飞轮参数，一个符合要求的飞轮就可设计成功，也可出具设计图纸进行生产。下面具体介绍设计方法。

首先打开中望 3D 软件，进入页面后单击“打开”按钮，在弹出的“打开”对话框中选择“飞轮半成品”文件，单击“打开”按钮。

按住鼠标右键移动零件视图，如图 28-7 所示，单击“造型”栏中的“拉

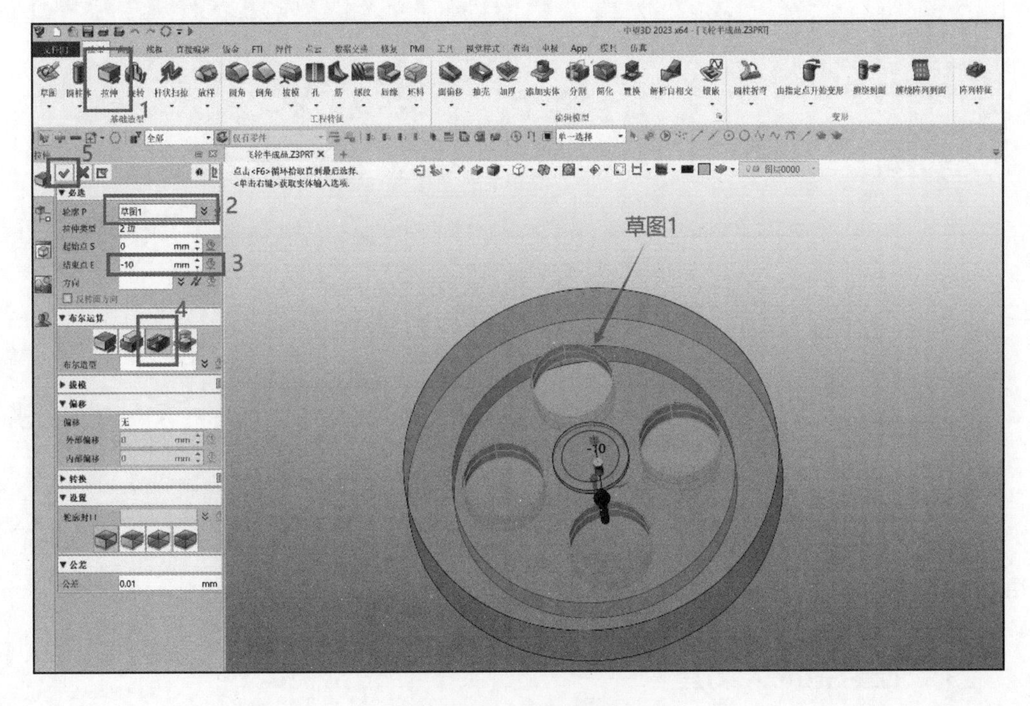

图 28-7　拉伸草图 1

伸”按钮，弹出“拉伸”对话框，在“必选”下拉列表中设置“轮廓 P”为“草图 1”，“结束点 E”为 -10mm，然后在“布尔运算”下拉列表中单击第三个“减运算”按钮，最后单击“确认”按钮。

如图 28-8 所示，再次单击“拉伸”按钮，在“拉伸”对话框中同样设置“轮廓 P”为“草图 2”，“结束点 E”为 -12mm，然后在“布尔运算”下拉列表中单击第三个“减运算”按钮，最后单击“确认”按钮。这样一个简单的飞轮就制作完成了。

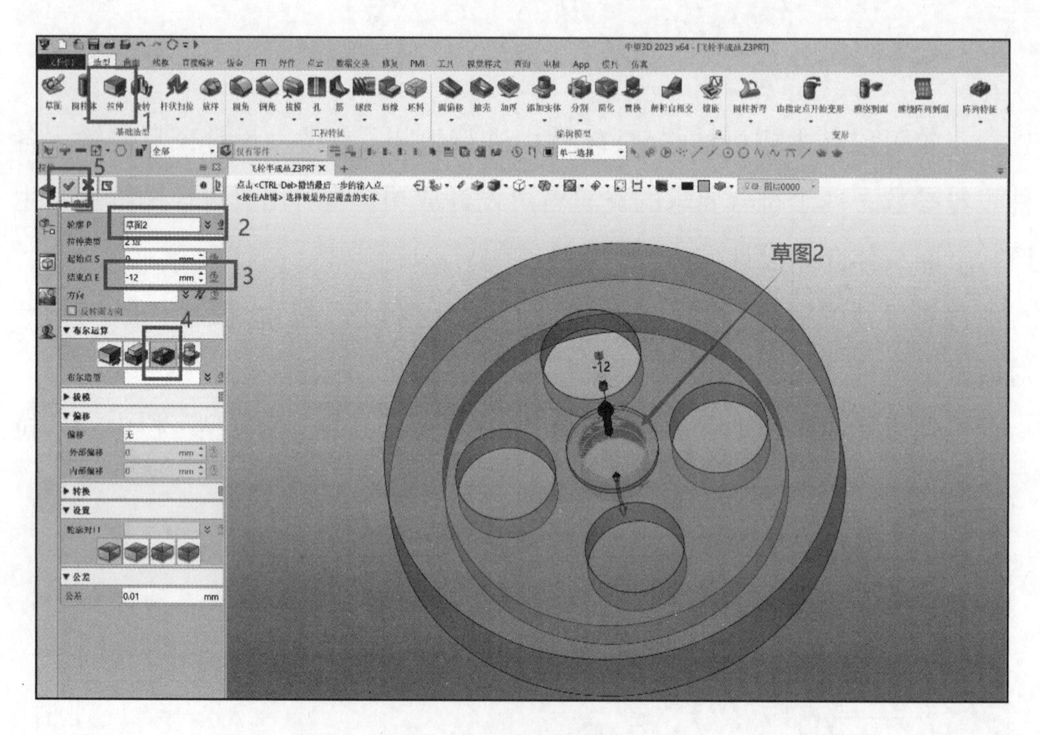

图 28-8　拉伸草图 2

任务 28.4　总结及评价

分组讨论制作过程及体会，写出书面总结；互相检查制作结果，集体给每位同学打分。

1. 任务完成大调查

任务完成后，进行总结和讨论，可用表 16-1 所示打分表进行自我评价。

2. 行为考核

行为考核，主要采用批评与自我批评、自育与互育相结合的方法，通过自我考核和小组考核后班级评定的方式进行。班级每周进行一次民主生活会，就自己的行为进行评议，可用表 16-2 所示评分表进行评分。

3. 集体讨论题

搜索中望 3D 基本图形，并进行思维导图式讨论。

4. 思考与练习

（1）掌握中望 3D 的飞轮画法，研究其规律。

（2）飞轮的作用是什么？

项目 29 丝　杠

丝杠是将旋转运动变成直线运动的传动副零件，是机床上用来完成进给运动的一个重要元件，如图 29-1 所示。机床丝杠不仅要能准确传递运动，而且还要能传递一定的动力，所以它在精度、强度及耐磨性各方面都有一定的要求。

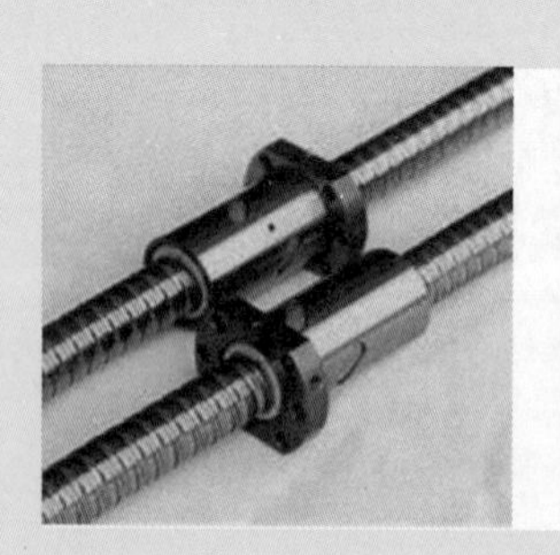

图 29-1　丝杠

任务 29.1 认识丝杠

丝杠是一种精度很高的零件，不仅要精准确定工作台坐标位置，将旋转运动转换成直线运动，而且还要传递一定的动力，所以在精度、强度及耐磨性等方面都有很高的要求。因此，丝杠的加工从毛坯到成品的每道工序都要周密考虑，以提高其加工精度。

29.1.1 丝杠的结构

丝杠主要由丝杆、螺母、支承、导向装置几部分组成。

丝杆是丝杠的核心部件，其上加工有螺旋槽，用于与螺母配合传递运动。丝杠的材料通常为高强度、耐磨的材料，如合金钢、不锈钢等。

螺母与丝杠配合，用于固定和传递运动。螺母的材料通常与丝杠相同或相近，以确保良好的配合和耐磨性。

支承用于支撑丝杠，并保证其轴向和径向的稳定性。支承的类型包括轴承、滑动支承等。

导向装置用于引导丝杠的直线运动，防止其侧向偏移。导向装置的类型包括导轨、滚珠丝杠副等。

1. 丝杠的精度

丝杠的精度是指其传递运动和力的精确程度，主要包括以下几方面。

（1）导程误差。

导程误差是指丝杠螺旋槽的实际导程与理论导程之间的差值。导程误差会影响丝杠的定位精度和重复定位精度。

（2）螺纹牙形误差。

螺纹牙形误差是指螺纹牙形与理论牙形之间的偏差。螺纹牙形误差会影响丝杠的传动效率和寿命。

（3）径向跳动误差。

径向跳动误差是指丝杠轴线与支承轴线之间的偏差。径向跳动误差会影响丝杠的运行平稳性和精度。

（4）轴向窜动误差。

轴向窜动误差是指丝杠轴线在轴向方向的位移。轴向窜动误差会影响丝杠的定位精度和重复定位精度。

（5）滚珠丝杠副的精度等级。

滚珠丝杠副的精度等级是指其综合精度指标，通常分为 C0、C1、C2、C3、C4、C5、C7、C10 等八个等级，C 值越小，精度越高。

2. 影响丝杠精度的因素

加工精度：丝杠的加工精度直接影响其精度，包括车削、铣削、磨削等加工方法的精度。

材料性能：丝杠和螺母的材料性能会影响其耐磨性和稳定性，进而影响丝杠的精度。

装配精度：丝杠的装配精度会影响其轴线对中和稳定性，进而影响丝杠的精度。

使用条件：丝杠的使用条件，如温度、湿度、载荷等，会影响其性能和精度。

3. 提高丝杠精度的方法

提高加工精度：采用高精度的加工设备和方法，保证丝杠的加工精度。

选择合适的材料：选择高强度、耐磨、稳定的材料，提高丝杠的性能和精度。

精确装配：采用精确的装配方法，保证丝杠的轴线对中和稳定性。

控制使用条件：控制丝杠的使用条件，如温度、湿度、载荷等，避免其对丝杠性能和精度的影响。

定期维护：定期对丝杠进行维护保养，及时发现和解决潜在问题，保证其性能和精度。

29.1.2　丝杠的应用

丝杠的应用范围非常广泛，几乎涵盖了所有需要精确线性运动的场合。以下是丝杠的一些常见应用。

1. 数控行业

丝杠是数控机床的核心部件，用于驱动工作台、刀具等部件进行精确的线性运动。常见的数控机床类型包括数控车床、数控铣床、数控加工中心等。丝杠是数控雕刻机的核心部件，用于驱动雕刻刀具进行精确的线性运动，实现各种复杂图案的雕刻。

2. 建筑行业

丝杠广泛应用于建筑机械的各种设备，如塔吊、混凝土泵车等。丝杠在建筑行业中发挥着重要的作用，例如，在塔吊上，丝杠用于驱动起重臂、吊钩等部件，实现建筑材料的运输和吊装。在混凝土泵车上，丝杠用于驱动混凝土输送管，实现混凝土的输送和浇筑。

3. 汽车行业

丝杠在汽车行业中发挥着重要的作用，例如：在汽车生产线上，丝杠用于驱动输送带、装配机器人等部件，实现汽车的自动化生产。在汽车维修设备中，丝杠用于驱动举升机、轮胎平衡机等设备，实现汽车的维修和保养。

4. 食品、医药、化工等行业

丝杠是印刷机械、包装机械、医疗设备的关键部件，用于驱动印刷滚筒、墨斗、驱动输送带、封口机、驱动手术器械、医疗器械等部件进行精确的运动。

任务 29.2　丝杠趣味玩具制作

丝杠应用在很多方面，为了更好了解丝杠相关知识，可以自己动手做一

个丝杠趣味玩具，研究和思考丝杠的基本规律。

（1）将两个丝杠拼装起来，插入电动机中，启动电动机，丝杠带着滑块移动。图 29-3（a）所示是电动机模块，图 29-3（b）为该模块一端接口，图 29-3 为拼装起来的双丝杠。

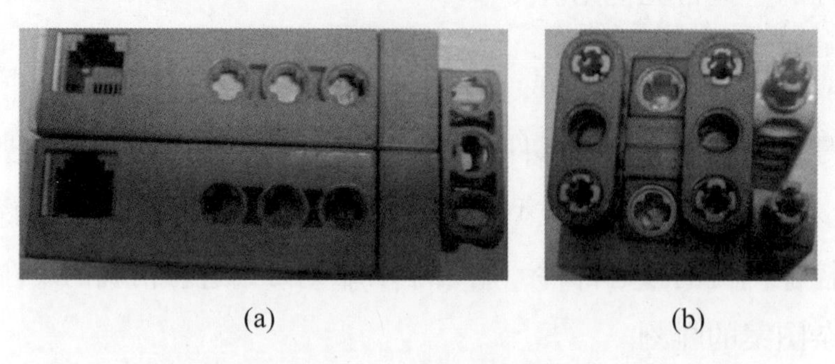

(a)　　　　　　(b)

图 29-2　丝杠电动机

（a）电动机模块；（b）电动机模块一端接口

图 29-3　双丝杠

（2）图 29-4 为拼装后的丝杠总成，由于电动机部分和丝杠部分不在一个平面，必须拼装地板，使丝杠与电动机在一个平面上工作。

图 29-4　丝杠与电动机拼装

（3）图 29-5 是底板和滑块，将底板与电动机一端孔洞连接，这样底板就拼装完成，再将滑块放入两丝杠之间，拼装好的玩具如图 29-6 所示。通电后，电动机转动带动滑块移动。

图 29-5 底板和滑块

图 29-6 拼装好的玩具

任务 29.3 机械 CAD 设计丝杠

丝杠应用在很多方面，为了更好了解丝杠相关知识，可以自己动手绘制一个丝杠传动系统，研究和思考丝杠的基本规律。

打开中望 3D 软件，新建一个零件图。

如图 29-7 所示，单击“造型”栏中的“圆柱体”按钮，弹出“圆柱体”

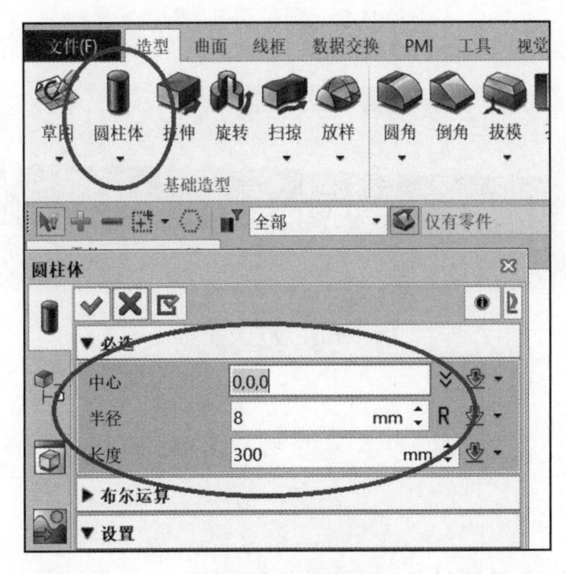

图 29-7 圆柱体

对话框，在“必选”下拉列表中设置中心为“0.0.0”，“半径”为 8mm，“长度”为 300mm，单击“确认”按钮，建立一个圆柱体。

建立完成后，如图 29-8 所示，单击“标记外部螺纹”按钮来建立丝杠的外螺纹，设置面为建立的圆柱体外表面，设置“尺寸”为 M8×1.25，设置“长度类型”为完整，最终效果如图 29-9 所示。

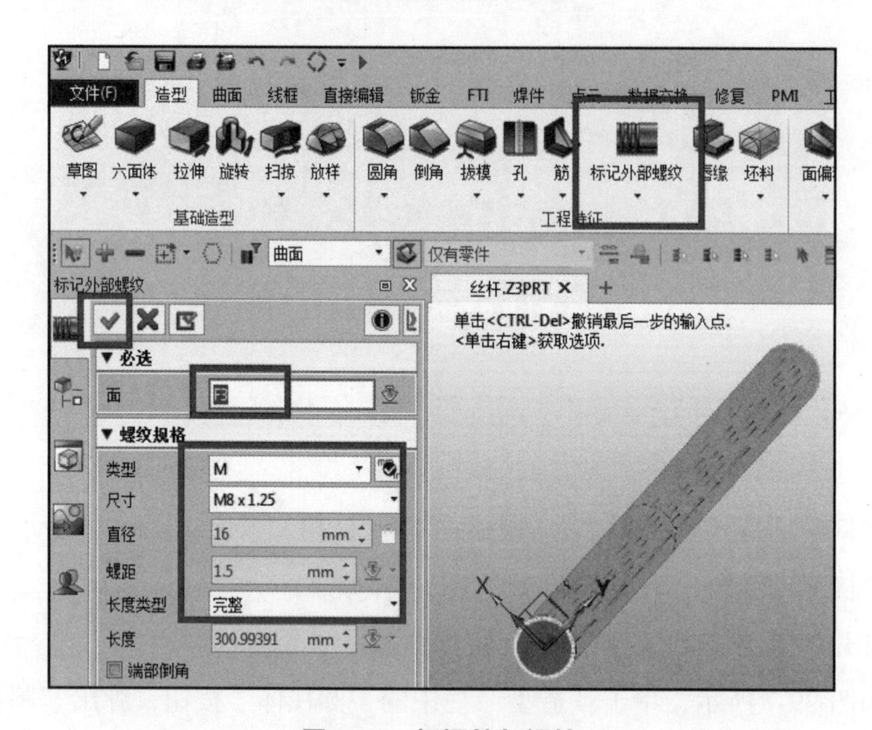

图 29-8　标记外部螺纹

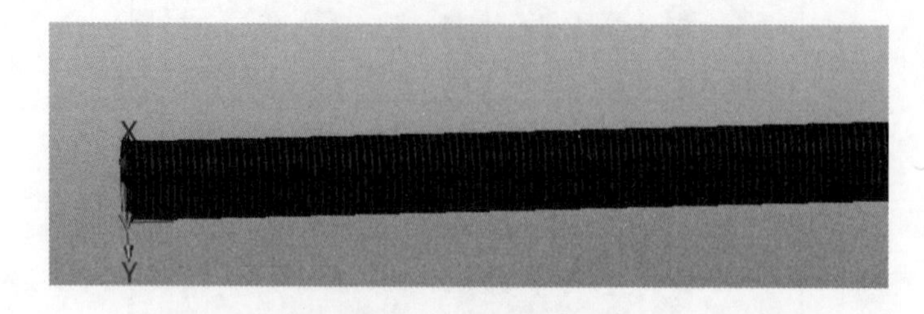

图 29-9　最终成品

任务 29.4　总结及评价

分组讨论制作过程及体会，写出书面总结；互相检查制作结果，集体给

每位同学打分。

1. 任务完成大调查

任务完成后，进行总结和讨论，可用表 16-1 所示打分表进行自我评价。

2. 行为考核

行为考核，主要采用批评与自我批评、自育与互育相结合的方法，通过自我考核和小组考核后班级评定的方式进行。班级每周进行一次民主生活会，就自己的行为进行评议，可用表 16-2 所示评分表进行评分。

3. 集体讨论题

普通车床加工中，丝杠的作用是什么？

4. 思考与练习

（1）丝杠在丝螺母中转动并沿其轴向移动，丝杠与螺母形成什么副？

（2）安装丝杠用什么轴承？

项目 30　卡　　盘

卡盘是机床上用来夹紧工件的机械装置，是利用均匀分布在卡盘体上活动卡爪的径向移动，把工件夹紧和定位的机床附件。卡盘一般由卡盘体、活动卡爪和卡爪驱动机构三部分组成。

任务 30.1　认 识 卡 盘

卡盘是机床上用来夹紧工件的机械装置，如图 30-1 所示。卡盘体直径最小为 65mm，最大可达 1500mm，中央有通孔，以便通过工件或棒料；背部有圆柱形或短锥形结构，直接或通过法兰盘与机床主轴端部相连接。卡盘通常安装在车床、外圆磨床和内圆磨床上使用，也可与各种分度装置配合，用于铣床和钻床上。

图 30-1　卡盘

30.1.1　卡盘的类型

根据卡盘爪数卡盘分为两爪卡盘、三爪卡盘、四爪卡盘、六爪卡盘和特殊卡盘。根据使用动力卡盘分为手动卡盘、气动卡盘、液压卡盘、电动卡盘和机械卡盘，如图 30-2 所示。

1. 三爪卡盘

三爪卡盘是由一个大锥齿轮、三个小锥齿轮、三个卡爪组成。三个小锥齿轮和大锥齿轮啮合，大锥齿轮的背面有平面螺纹结构，三个卡爪等分安装在平面螺纹上。当用扳手扳动小锥齿轮时，大锥齿轮便转动，它背面的平面螺纹就使三个卡爪同时向中心靠近或退出，因为平面矩形螺纹的螺距相等，所以三个卡爪运动距离相等，有自动定心的作用。

图 30-2　卡盘的类型

（a）三爪卡盘图；（b）四爪卡盘

2. 四爪卡盘

四爪卡盘是用四个丝杠分别带动四个卡爪，因此没有自动定心的作用。但可以通过调整四个卡爪位置，装夹各种矩形的、不规则的工件。

3. 软爪卡盘

在车削批量较大的工件时，为了提高工件在加工时的定位精度和节约工件安装时的辅助时间，可利用软爪卡盘。软爪卡盘可根据实际需要随时改变爪面圆弧直径与形状，把三爪卡盘淬火的卡爪，改换为低碳钢、铜或铝合金卡爪。如卡爪是两体的，可把爪部换成软金属；如卡爪是一体的，可在卡爪上固定一个软金属块。软爪卡盘的卡爪加工后，可以提高工件的定位精度，如新三爪卡盘，工件安装后的定位精度小于 0.01mm；如三爪卡盘的平面螺纹磨损较严重，精度较差，换上软爪轻加工后，工件安装后的定位精度仍能保持在 0.05mm 以内。软爪卡盘装夹已加工表面或软金属，不易夹伤表面。对于薄壁工件，可用扇形爪，增大与工件接触面积而减小工件变形。软爪卡盘适用于已加工表面作为定位精基准，在大批量生产时进行工件的半精车与精车。软爪卡盘正确地调整与车削，是保证软爪卡盘精度的首要条件。软爪的底面和定位台，应与卡爪底座匹配和正确定位。软爪用于装夹工件的部分要比硬爪加长 10~15mm，以备多次车削，并要对号装配；车削软爪的直径与被装夹工件直径一致，或大或小，都不能保证装夹精度。一般卡爪车削直径比工件直径大 0.2mm 左右，即被卡的工件直径，要控制在一定公差范围内。车削软爪时，为了消除间隙，必须在卡爪内或卡爪外安装一适当直径的圆柱或圆环，它们在软爪安装的位置，应和工件夹紧的方向一致，否则不能保证工件定位精度。当工件为夹紧时，圆柱应夹紧在卡盘爪里面和车软爪的爪面，当工件为张紧时，圆环应安装在卡盘爪外面和车软爪的外面。

4. 电动卡盘

电动卡盘是广泛应用于机械领域的一类夹持工件的通用夹具，由电动卡盘装置夹持功能单元、电动卡盘装置动力功能单元、电磁摩擦离合器组件、卡盘体外壳及电磁制动器组件等组成。当电磁制动器组件通电时，电动卡盘装置夹持功能单元与床头箱连接为一体且不旋转；电磁摩擦离合器组件通电，电动卡盘装置动力功能单元把旋转运动传递给卡爪夹紧或松开工件。加工过程中，仅电动卡盘装置夹持功能单元随主轴旋转，而电动卡盘装置动力功能单元不随主轴旋转。电动卡盘与其他卡盘相比较，可有效减少随主轴旋转部分零件数量及旋转的质量，有利于提高主轴动平衡质量，易于系列化和标准化设计制造、装置结构简单紧凑，便于安装和维护。

5. 气动卡盘

气动卡盘的性能优势主要表现在与手动卡盘相比，气动卡盘只需按一下按钮，瞬间即可自动定心，夹紧工件，且夹持力稳定可调，除提高工作效率外，还可实现一人操作多台数控机床，大大降低了人力资源成本，同时也减少了固定设备投入，广泛适用于批量性机械加工企业。另外还可根据需求定做难以装夹的异形件（如阀、泵等铸件）相应的非标类气动夹具。使用气动卡盘，在提高生产效率的同时，既可大幅度降低工人的劳动强度，还可以提高设备档次，提升企业整体形象，是超强度机械加工企业设备改良的首选品。气动卡盘整套配置为卡盘、气压回转器和电控部分，安装时无须配拉杆，改变了传统气动和液压卡盘结构复杂、安装麻烦等不足（一般情况专业人员安装需 2 个工作日），通过阅读安装说明和示意图，1h 左右即可完成安装全过程，既节约了高昂的安装费和制作成本，也提高了机床运营效率。与液压卡盘相比，气动卡盘结构简单，使用成本和故障率低，且环保无污染，主要以空气为动力源，仅一台流量为 $1m^3/h$ 的气泵可同时操作 8~10 台气动卡盘，而且气压回转器部分夹紧松开均无漏气现象，可节省气源，更减少了使用液压卡盘所发生的使用成本和维护成本（如液压油），是国内最经济实用的卡盘。气动卡盘自主创新，独特设计，改善了传统气动卡盘夹持力小、力量不稳定的缺点，如直径为 200 的气动卡盘正常夹持 45 号钢单边切削 5mm 不打滑，并且夹持力稳定可靠、可调大小，可选配梳齿软爪、硬爪、定做异型爪等，并可根据工件尺寸自行调节梳齿位置以加工各类零件。气动卡盘采用全封闭结构，零部件精挑细选，所有配合面均具有防尘功能，加之独到的选材和热处理工艺，大大超过手动卡盘的使用寿命（手动卡盘使用寿命一般为 0.5~1 年），若维护使用得当，使用寿命可达 3 年以上，并能长期保持出厂精度，重复装夹精度一般为 0.01~0.03mm。气动卡盘通过气压与斜楔角度产生力的转换，除夹持力大之外还具有超强的自锁功能，通过国家机构检测试验，3MPa 水压试验中，卡盘结构不变形，所有零部件不受损，并且在断开气源的情况下，仍能牢牢夹紧工件进行切削，彻底解决了安全性、可靠性方面的问题。

30.1.2 三爪卡盘的结构

三爪卡盘是由爪盘体、小锥齿轮、大锥齿轮（另一端是平面螺纹）和三个卡爪组成，如图 30-3 所示。三个卡爪上有与平面螺纹相同的螺牙与之配合，三个卡爪在爪盘体的导槽中呈 120° 均匀分布。爪盘体的锥孔与车床主轴前端的外锥面配合，起对中作用，通过键来传递扭矩，最后用螺母将卡盘体锁紧在主轴上。

当转动其中一个小锥齿轮时，即可带动大锥齿轮转动，其上的平面螺纹又带动三个卡爪同时向中心或向外移动，从而实现自动定心。定心精度不高，为 0.05~0.15mm。

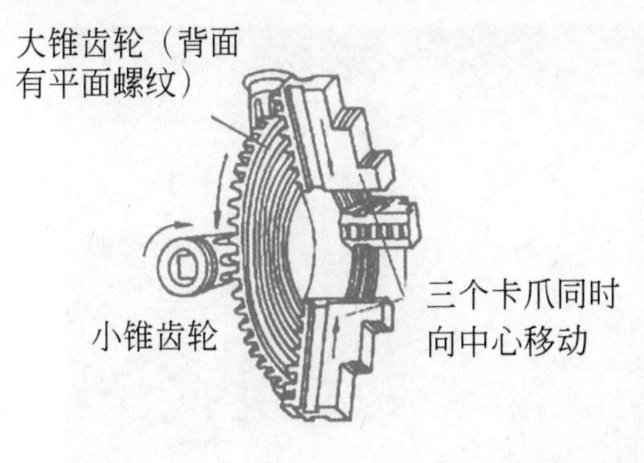

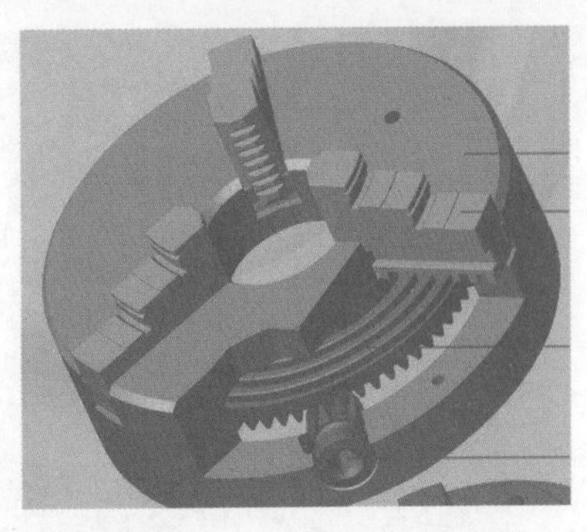

图 30-3　三爪卡盘的结构

三个卡爪有正爪和反爪之分，有的卡盘可将卡爪反装即成反爪，当换上反爪后就可安装较大直径的工件。当直径较小时，工件置于三个正爪之间装夹，如图 30-4（a）所示；可将三个卡爪伸入工件内孔中利用正爪的径向张力装夹盘、套、环状零件，如图 30-4（b）所示；当工件直径较大，用正爪不便装夹时，可将三个正爪换成反爪进行装夹，如图 30-4（c）所示；当工件长度大于 4 倍直径时，应在工件右端用尾架顶尖支撑，如图 30-4（d）所示。

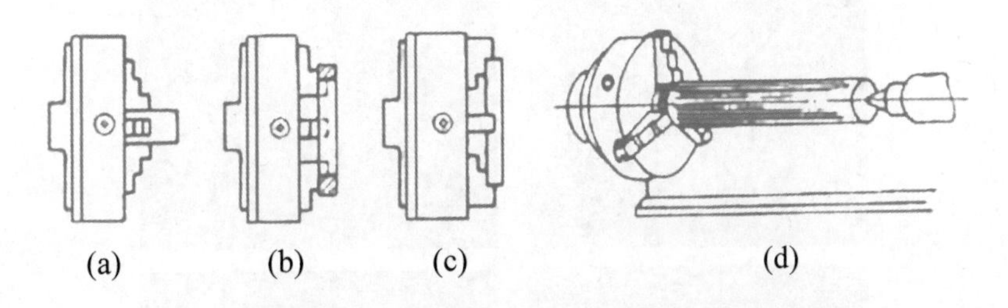

图 30-4　用三爪卡盘装夹工件的方法

（a）顺爪；（b）顺爪；（c）反爪；（d）三爪卡盘与顶尖配合使用

任务 30.2　卡盘玩具制作

卡盘应用在很多方面，为了更好了解卡盘相关知识，可以自己动手做一个卡盘玩具，研究和思考卡盘的基本规律。

（1）材料准备，如图 30-5 所示，均为 3D 打印。

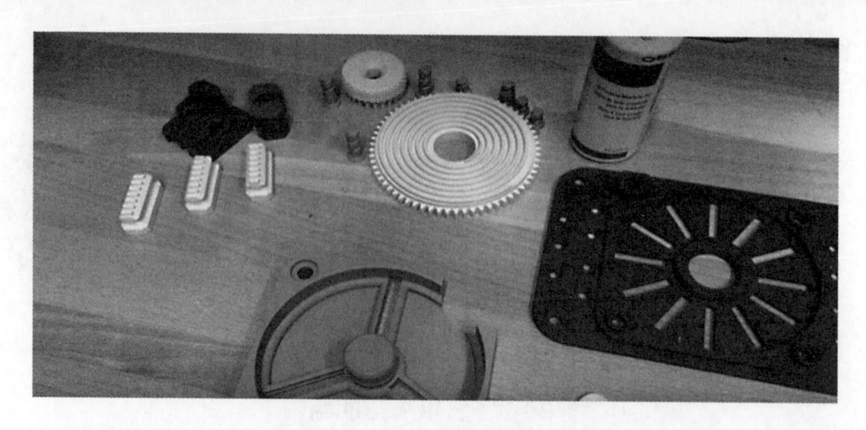

图 30-5　材料准备

（2）操作步骤如图 30-6 所示，安装时注意侧面数字朝外。最终效果图如图 30-7 所示。

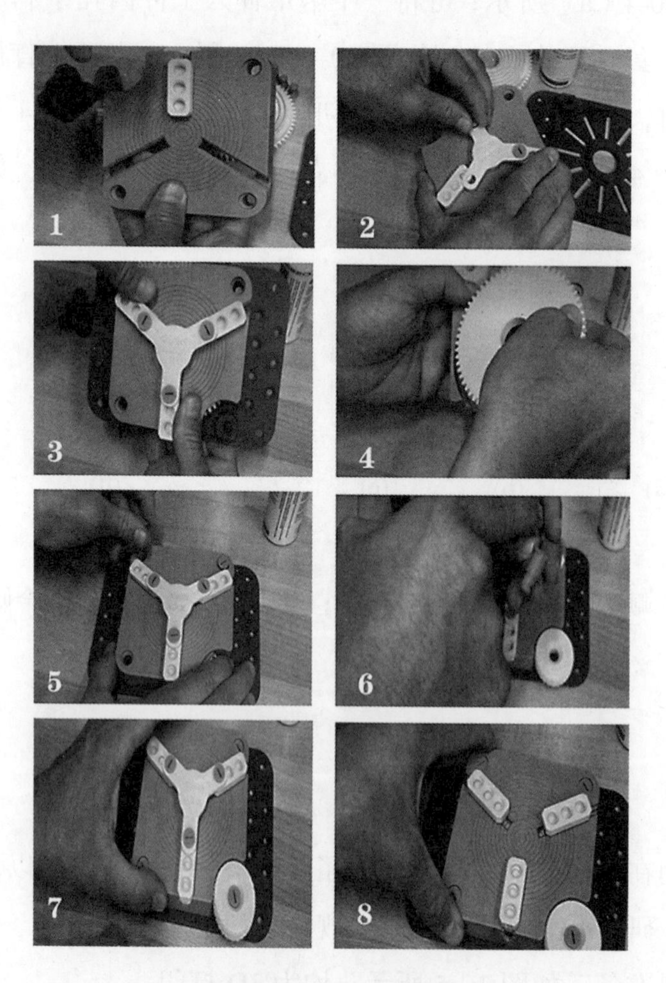

图 30-6　操作步骤

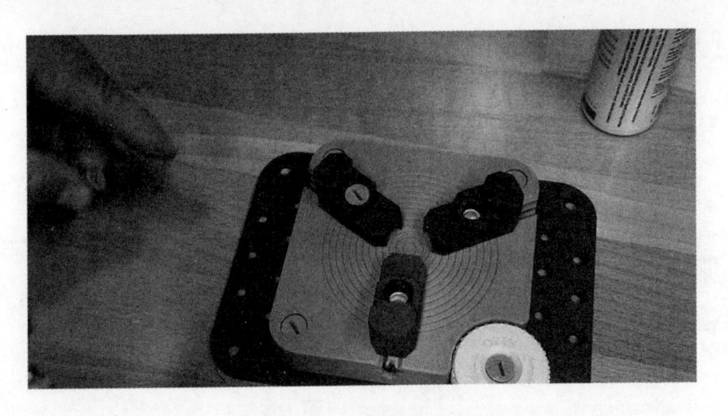

图 30-7　最终效果

任务 30.3　机械 CAD 设计卡盘

卡盘可以在中望机械 CAD 软件中进行组装、修改、设计，只要输入各种卡盘参数，一个符合要求的卡盘就可设计成功，也可出具设计图纸进行生产。下面具体介绍设计方法。

打开中望 3D 软件，进入页面后，如图 30-8 所示，单击“打开”按钮，

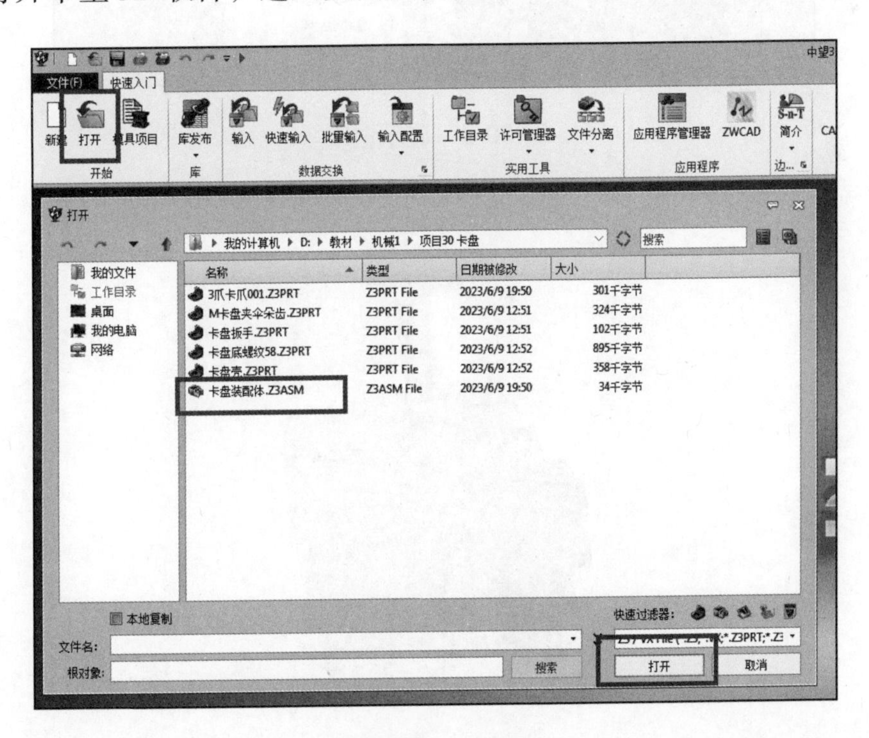

图 30-8　打开

在弹出的“打开”对话框中选择“卡盘装配体”文件，单击“打开”按钮。

右击卡盘外壳，如图 30-9 所示在弹出的快捷菜单中选择“显示”→“透明”命令。

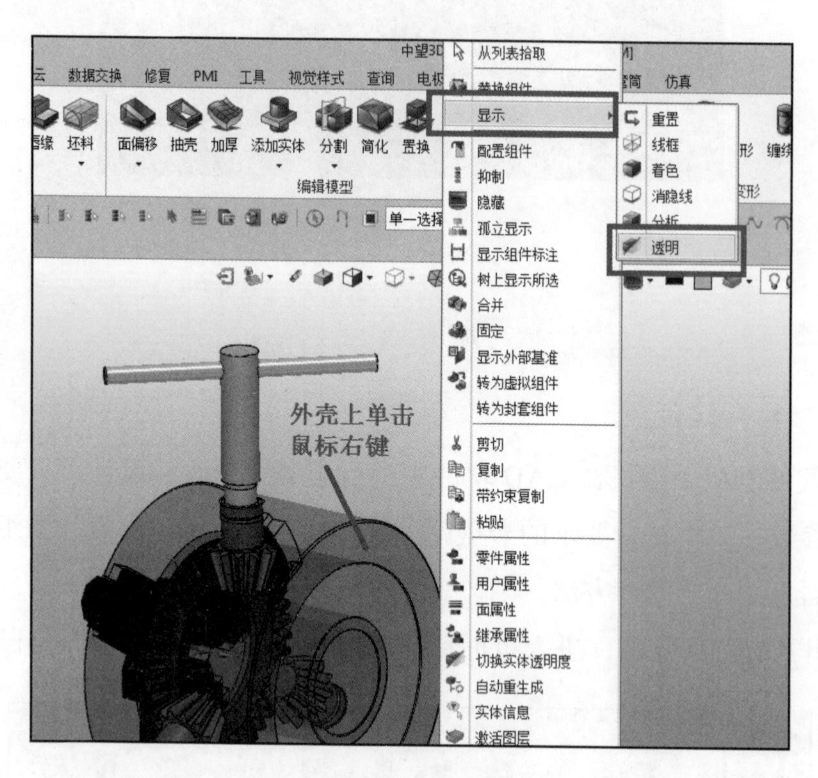

图 30-9　显示透明

卡盘外壳变透明，可查看卡盘内部结构，如图 30-10 所示。

图 30-10　最终效果

任务 30.4　总结及评价

分组讨论制作过程及体会，写出书面总结；互相检查制作结果，集体给每位同学打分。

1. 任务完成大调查

任务完成后，进行总结和讨论，可用表 16-1 所示打分表进行自我评价。

2. 行为考核

行为考核，主要采用批评与自我批评、自育与互育相结合的方法，通过自我考核和小组考核后班级评定的方式进行。班级每周进行一次民主生活会，就自己的行为进行评议，可用表 16-2 所示评分表进行评分。

3. 集体讨论题

简述三爪卡盘的工作原理。

4. 思考与练习

（1）四爪卡盘的特点有哪些？

（2）三爪卡盘的规格和主要参数有哪些？